しっかり伝わる！　評価が上がる！

技術者のための社内文書の書き方

中川和明
〔著〕

日刊工業新聞社

はじめに

みなさんは文書を書くことに自信がありますか。仕事は上手くできているのだけれど文書を書くのはちょっと苦手という意識をお持ちではないですか。この本をこうして手に取ってくださった方は、ご自身あるいは周囲の人の文書がちょっと心配である方が多いのではないかと思っています。

これまで職場の上司として社内で多数の技術文書を見てきました。特に多かったのは技術報告書であり、お客様向けの説明資料や社内に周知する技術ニュースの原稿などです。もちろんよく書けている文書もいくつもありましたが、残念ながら何を言いたいのか全く分からない文書にも多く出会いました。学会誌などの査読と異なり、社内での査読の場合は大部分の執筆者の顔が分かります。みなさん十分に専門知識もあり業務経験もある方々で、実際に取り組んだ業務で標準以上の成果を上げています。それなのに、なぜ分かりやすい文書と全く分からない文書に分かれてしまうのでしょうか。

これまでの私の経験によると、技術者として仕事ができることと、文書を上手に書けることは必ずしもイコールではありません。「技術者としての仕事は一流だが、文書を書かせると何を言いたいのかよく分からない」、という方が実は大勢いらっしゃいます。これは決して恥ずかしいことではありませんが、大変もったいないことです。本来であれば得られるはずの評価を逃しているかもしれません。たとえば提案書が上手に書ければ、もっと予算がついて仕事がしやすい環境になっていたかもしれません。文書を上手に書けるということは、技術者として大きな面白い仕事をして相応の評価を得るために必要なスキルであると私は考えています。

では、文書を上手に書ける人は何が上手なのでしょうか。「彼は子供のころから国語が得意だったからレポートも上手いんだよ」、という声が職場から聞こえてきそうですが、私は国語が得意だから文書を上手に書けるとは思っていません。文書は執筆者の意思が込められた一塊のメッセージです。どのような文書でも必ず目的（執筆意図）があり、読者に対するお願いが含まれています。つまり、文書を上手に書くことは、「文章が上手いね」と褒められることではなく、文書を通して読者が執筆者の意図の通りに行動してくれることです。社内の開発提案書を例にとれば、会社の上層部から開発のためのお金を取ってくることができるということです。これは会社の上層部がその開発提案書の内容に納得して執筆者のお願いを認めたことにほかなりません。読者が高い確率で執筆意図に同意してくれるように書くことが、文書を上手に書いたことになります。

本書では、「文書とは執筆者の意思が込められた一塊のメッセージである」という私の考えに基づいて、身近な週報、議事録、出張報告書から、技術報告書、開発提案書、予算計画書、顧客向け提案書、プレスリリースに至るまで、技術者が執筆するさまざまな文書についてそれぞれの難しさのポイント、執筆意図を実現するためのコツを解説します。これらの文書はそれぞれ種類こそ違うものの、何のために書いているかという執筆意図が必ずあり、ターゲットとする読者がいるという点では共通しています。執筆意図を決めてターゲットとする読者が納得するように書こうとすれば、どんな読者でも納得させなければいけないと思い込んで書くのに比べて、とても楽に書けるはずです。

書き方のコツは、「最後まで読んでもらう工夫」と「結論に納得してもらう工夫」に分けて説明します。

「最後まで読んでもらう工夫」は、顧客向け提案書、開発提案書など執筆者が自発的に執筆する文書に必要なものです。この工夫が足りないと、その文書を読む義務がない読者は途中で読むことを止めてゴミ箱に捨ててしまいます。ターゲットとする読者が読みやすいと思う適切な分量を推測して余分な記述を省くことと、読者が読み続けたいと思う要素を盛り込むことが必要です。

「結論に納得してもらう工夫」は、その意図が開発費や人事に関わることになる開発提案書、予算計画書、推薦書などで特に重要となります。読者は開発費、人事の決定権を持つ人物であり、さまざまな疑問を頭に浮かべながら文書を読みます。これらの疑問をあらかじめ推測してその答えを書き込めるかが、勝負どころです。

さらに付録として、役職者である技術者の方々に向けて、上司もしくは先輩として査読する際の心構えと手順の解説も加えました。私の経験では、社内での査読は忙しいときに、しかも文書の提出締め切り直前に頼まれます。学会誌などの学術論文の査読では、査読者から見て出来が悪いものは「採択不可」の判定をして、いわゆるボツにしてしまうことができますが、社内文書ではそうはいきません。どんなに読みにくい原稿であっても、執筆者に寄り添って最良と思える文書に仕上げなければなりません。社内で上司・先輩として行う査読はこのように極めて厄介な仕事なのですが、これまで学術論文の査読に関する書籍があるのみで、社内文書の査読の仕方を解説した書籍はほとんどありませんでした。本書では、文書の納期を厳守し、部下・後輩に達成感を与え、より高い確率で執筆意図を実現するような査読のテクニックについても説明します。

近年よく指摘されるように、SNSなどの普及によって文字を書き込む動作は日常的になりましたが、文書としてのメッセージ性、論理性などはむしろ退化しているように思います。また職場の先輩から後輩、上司から部下への伝承も減っていると実感しています。本書を読んだみなさんが自信を持って文書を書いて、ターゲットとする読者を自在に説得できるようになっていただけると、私が考えた本書の執筆意図も実現したことになります。

文書を上手に書けることは、ご自身の仕事の環境を自らの意思で変えてゆくための強力なツールになります。執筆した文書によって会社を自在に動かせる技術者に、ぜひなっていただきたいと思っています。日々やってくるさまざまな場面で本書をご活用いただければ幸いです。

2018 年 5 月

中川　和明

目　　次

第1章
読みにくい文書とはこんなものだ

そもそも「文書」とは何でしょうか。業務で得られた成果・知見が同等だとして、その内容をまとめた文書が読者にとって「読みやすい文書」となるか「読みにくい文書」となるかは、いつ決まるのでしょうか。この章では、そもそも文書とは何か、技術者は会社でどのような文書を書くのか、そしてその文書が読みにくいものになってしまう原因は何か、これらの疑問について、その典型的な類型と共に解説します。

1-1　文書は執筆者からのメッセージだ

世間には文書の作成方法を解説する種々の書籍やセミナーがあります。それらのタイトルは「○○○な文章の書き方」、「○○○な文書の書き方」などで、実態として「文章」と「文書」が混在されて使われています。私自身もセミナーでは、「文章力が大事だ」や、「文書作成力が低下している」と言っていました。そもそも「文章」と「文書」とは何が違うのでしょうか。

私は本書でこの２つを明確に区別して使うようにしています。そのうえで、文書とは、執筆者の意思と文章と図表などで構成され、執筆者が読者に、期待する行動を起こしてもらうために読んでいただく一塊のメッセージであると私は考えています。執筆者の意思が込められている、という点がポイントです。パワーポイントなどで作られたプレゼンテーション形式の資料も、執筆者の意思が込められているので文書のひとつと考えます。

これに対して文章とは、さまざまな情報を言語・文字で表したもので、文書を構成する要素のひとつであると考えています。要するに文書に情報をもたらす構成要素だという位置づけです。

このような区別と定義の下で、本書では読みやすい「文書」の書き方を解説します。逆に言えば、個別の言語と密接に関係している「文章」の書き方は解説しません。文書に情報をもたらす文章と図表などを駆使して、如何に執筆者の意思を込めるか、そしてそれを読者にどのように伝えて期待する行動を起こしてもらうかが最も重要なのです。

1-2　技術者が書く文書の種類

たとえば民間企業に就職した技術者は、その会社生活でどのような文書に出会い、どのような文書を書くことになるのでしょうか。ベテランの方はすでにご存じだと思いますが、特に製造業の企業であれば、おおよそ**表 1-1** に示す文書と関わることになるはずです。入社した直後から上司に「書きなさい」と指示されるものもあれば、中堅技術者になってから書く機会が巡ってくるものもあります。表 1-1 では、入社以降で執筆時期が早い順番に文書を並べています。本書の読者で会社に入ってまだ日が浅い方は、今後執筆するであろう文書には、このような種類があることを承知いただきたいと思っています。

さて、「はじめに」で述べたように、これらの文書が上手に書けなくても仕事はできます。しかし、「週報」「議事録」が上手に書けなければ上司に仕事の進捗が伝わらなくなり、「技術報告書」が上手に書けなければ他の技術者があなたの成果を認めてくれなくなるかもしれません。特に「開発提案書」が上手に書けるかどうかは、あなたがやりたい仕事をやらせてもらえるか否かを決める大きな分岐点になります。つまり、これらの 8 種類の文書を上手に読みやすく書ければ、あなたが会社を自在に動かすことができると言っても過言ではないのです。

表1-1　技術者が執筆する代表的な文書

文書の種類	典型的な内容と目的	執筆開始時期
週報 （日報、月報含む）	直属の上司に業務活動のニュースを報告する。その上司を経由して幹部に成果をアピールする。	入社すぐ
議事録 出張報告書	会議・出張の内容を整理して関係者に記録として報告する。上位者に結論と概要を報告する。	入社すぐ
技術報告書 学術論文	事実に基づく技術論で技術者を納得させて業務で得られた成果を認めてもらう。	約2年目以降
開発提案書	事実と仮説に基づいて新規の開発の必要性を説明して費用、人員などのリソース配分を認めてもらう。	約5年目以降
顧客向け提案書	自社の製品・サービスの特長などを分かりやすくまとめて、顧客に採用を検討してもらう。	約5年目以降
プレスリリース	自社の新製品、技術成果などを新聞・雑誌・テレビなどの媒体の力を借りて、広く社会全般に伝達する。	約7年目以降
予算計画書	部、課などの組織の活動計画を収入と支出の計数に基づいた提案にまとめて、実行を認めてもらう。	予算担当就任後
人事関係の推薦書	部下の良い評価の根拠を客観的に示すことで、他の部署からの候補者よりも優先度を高く確保する。	管理職就任後

1-3　読みにくい文書には4つの典型的なタイプがある

　読みやすい文書の説明をする前に、そもそも読みにくい文書とはどのようなものかを紹介します。これまで社内文書の査読経験でさまざまな読みにくい文書と出会ってきましたが、私の考えでは、読みにくい文書にはおおむね決まった読みにくさのタイプがあるようです。そこで、これまで私が苦労しながら修正指導をしてきた読みにくい文書の典型的な

表 1-2　読みにくい文書のタイプ

類型	典型的な問題点
(1) 意味不明型	技術的な記載、様式に問題はないが、論理性が弱く全体として何を伝えたいのか分からないブログのような謎の文書
(2) 自己満足型	技術的な記載、様式に問題はないが、執筆者の思いが強すぎて読者からは不必要と思える記載が満載されている冗長な文書
(3) 恥かき型	そもそも大学の授業で習ったはずの単位表記、図表作成のルール、約物類の扱いが雑で社外に出すと恥ずかしい文書
(4) 機会損失型	読者に訴えたい要点が後半に書いてあるために、前半の記述で読者が疲れ果てて後半を読んでもらえない残念な文書

タイプを**表 1-2** に示しました。これらに該当しなければ完璧というわけではないのですが、まずはこのような文書を書いて欲しくないと考えて例示しています。

(1)「意味不明型」文書

事実を説明する文書としては大きな問題がないものの、執筆者の担当した業務が淡々と時系列で書かれていて仮説を証明する構成になっていない文書です。備忘録としては構わないのですが、読者を説得する、あるいは何かを承認してもらう文書としては、一体何を言いたいのかが分からないものとなります。要するに意図が不明な謎の文書となります。

たとえば、技術報告書で以下のような書き出しで始まるものです。執筆者の日記になっています。

<「意味不明型」文書の文例>

「私は現在、○○○方式を利用したデータストレージシステムの開発を担当しています。このシステムは高い信頼性を有すると同時に安価なクラウドストレージサービスを可能にするものです。この報告書では、今月の私の開発状況について順に報告いたします。まず初めに取り組んだことは、……。」

(2)「自己満足型」文書

技術文書としての問題はないものの、執筆者の思いが強すぎて自身がこだわる出来事の記述が非常に長くなり、読者から見ると何が論点であるか分からなくなる文書です。読者の専門性についても考慮していないケースが多く、専門が違う読者は理解不能で、そもそも全く読めないことがしばしばあります。要するに余計なことがたくさん書いてある冗長な文書ということです。

たとえば、社内の技術報告書で以下のような部分が該当します。「二酸化炭素の濃度が高い燃焼前の燃料ガスの段階で分離をしたほうが高効率である」と簡単に言えることを、数式を使って難しく説明しています[1,2]。

<「自己満足型」文書の文例>

「本報告では発電プラントにおける二酸化炭素の回収に関して、燃焼前の燃料ガスの段階で分離する方法について新材料の観点から新たな可能性を示してゆく。そもそも燃焼前の燃料ガスの段階での分離は以下のような理論的背景からメリットが説明できる。一般に、A−B 2 成分系理想気体を等温・等圧で分離して純粋な A、B を得ようとする場合の原料 1 モルあたりの最小分離仕事 W_{min} は以下の式(1)で示される。

$$W_{min} = -RTx_{af} \ln x_{af} - RT(1-x_{af}) \ln(1-x_{af}) \quad \text{式(1)}$$

ここで x_{af} は原料中の A の流入モル分率、R は気体定数、T は気体の絶対温度である。

このA−B 2 成分系の混合気体が分離装置に導入されて純粋な A

を取り出すものの、捕集しきれないAは残りの気体と共に混合状態で通過すると考える。このような場合のA−B2成分系理想気体で原料1モルあたりの最小分離仕事 W_{min}' は以下の式(2)で示される。……」

(3)「恥かき型」文書

「恥かき型」は、(1)(2)の文書とは別の視点からの問題があります。具体的には、大学教育で学習したはずの単位表記、図表作成のルールが無視されて、全く自己流で書かれている文書です。10の3乗を示す「k」が大文字の「K」になっている、長さのメートルを大文字で「M」と書く、グラフのデータ点が「×」で書かれているなど、学部の2年生までに習った事柄が見事に無視されている文書もありました。

このような文書が社内にとどまっているうちはまだ良いのですが、客先など社外に出てしまうと、会社としての教育レベルを一発で疑われてしまう危険な文書です。英文表記の場合は、コロンとセミコロンの使い分け、空白の挿入ルールなど中堅技術者でも意外に知らない細かいルールがあるため、決して侮れない落とし穴と言えます。文書を書いているつもりで恥をかいている恥ずかしい文書ということです。

たとえば技術報告書、顧客向けの提案書などで現れる以下のような部分です。有効数字、単位記号、空白の挿入などのルールを見事に間違えています。

＜「恥かき型」文書の文例＞

本件検討で使用したすべての試験条件を以下に示す。

Sample	Heat treatment
Material: SUS310S	Temperature:700 ℃ , 950 ℃
Weight:2Kg, 2.4Kg, 4.32Kg	Time: 1H, 2H, 3H

(4)「機会損失型」文書

（1）（2）の文書と重なる性質があるのですが、最大の問題はまるで推理小説のように肝心の話題が文書の後半に書かれていて、読者がそこにたどり着く前に力尽きて読むのを止めてしまう文書です。（1）（2）の文書であれば、読まれなくても読者の損失にはならないのですが、読者にとって価値のあることが書いてあったとすると、とてももったいないことです。折角の執筆の努力が報われない残念な文書となります。

たとえば報告書で、以下のようなストーリーとなっているものです。本題の「突合分析」の話を知りたいと思って読み始めた大部分の読者にとって、余計な話題（下線部分）によって、多くの読者が脱落すると予想されます。

<「機会損失型」文書の文例>

「糖尿病とその合併症による医療費の増大は大きな社会問題になっており、糖尿病に関わる医療給付も年々増加している。そこで、電子化が進んでいるレセプトデータと特定健康診査データを突合分析することで、糖尿病が治療を要する状態であるにも関わらず、適切な医療処置を受けていないハイリスク加入者を抽出して早期の受診を勧奨することで、重症化を予防することが出来るのではないかと考えた。<u>本報告では、まず糖尿病の進行の機序と我が国における患者数の動向を紹介し、2008 年から始まった特定健康診査・特定保健指導の効果について検討を行う。</u>そして……。」

1-4　読みにくい文書ができる原因はこれだ

執筆活動は大まかに「執筆前」、「執筆途中」、「執筆後」の３ステップに分けられます。読みにくい文書はどのステップでどのように生まれるのか、表 1-2 のタイプと関係づけて**図 1-1** で説明します。

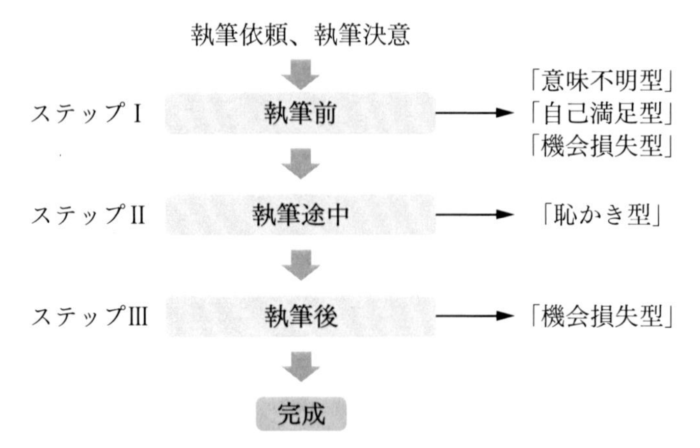

図 1-1　読みにくい文書が発生する場所

(1) ステップⅠ：執筆前

表 1-2 の「(1) 意味不明型」「(2) 自己満足型」「(4) 機会損失型」に該当する文書がこのステップで発生します。書き出す前に必要な「事前準備」ができていないと、出来事が起きた順番に書かれるブログのような文書になり、何を訴えたいのか分からなくなります。自分の開発技術に誇りのある技術者が執筆する場合では、執筆者が書きたいことと読者が知りたいことが一致しない場合が多く、読めば読むほど読者にフラストレーションが溜まる文書になりがちです。私はこの最初のステップが、文書の出来栄えの７割近くを決めると思っています（**図 1-2**）。このステップで発生した問題点は根本的なものであるため、執筆途中、執筆後であっても執筆者本人にはなかなか直せません。査読者の指導の下で、全面的な書き直しが必要になります。

執筆前にどのような準備をすべきかについては、第２章を参照してください。

(2) ステップⅡ：執筆途中

表 1-2 の「(3) 恥かき型」がこのステップで発生します。文書として致命的とまでは言えませんが、執筆者は執筆の途中で文書の様式にも相当の配慮をすべきです。執筆経験の豊富な読者は文書の中で単位の表記、

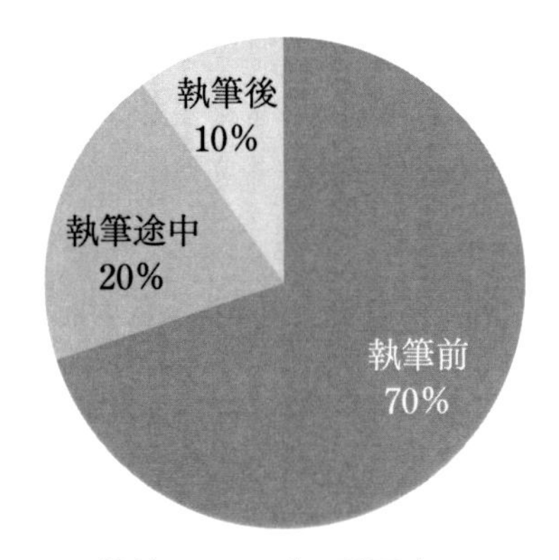

図 1-2　執筆ステップの重要度のイメージ

図表のスタイル、約物類の使い分けができているかを本能的にチェックして執筆者の経験・実力の値踏みをします。この問題は、知識さえあれば執筆者自身が執筆後に直すことも可能です。

(3) ステップⅢ：執筆後

表 1-2 の「(4) 機会損失型」がこのステップに関係します。前述のように、厳密には執筆前の段階で発生しているのですが、読者の立場になりきって執筆後にきちんと読み返しをすれば、執筆者の思いと読者の理解にギャップがあると認識でき、肝心の部分を読んでもらえるように構成の修正ができるはずです。したがって「(4) 機会損失型」の文書が執筆者の手を離れるということは、この執筆後のステップが上手く機能していないことを示しています。

第 1 章のまとめ

■上手な文書とは、読者に行動を起こしてもらえる文書である

■執筆前の準備が、文書の出来栄えを決める

• • • ベテラン査読者からのミニアドバイス • • •

「自分の文書タイプを知る」

これまで指導してくれたみなさんの査読者のコメントを思い出してください。以下に示す内容を指摘されたことがないか、ぜひ確認してみてください。

1.「君の文書は何を言いたいのか分からない」と言われたことのある方

→「意味不明型」の症状があるかもしれません。第 2 章を中心に読んでいただき、特に文書の基本設計の仕方を再確認してそれを実践していただけると、劇的に上手く書けるようになります。

2.「もっと読者の立場になって書きなさい」と言われたことのある方

→「自己満足型」の症状があるのかもしれません。特に、書き出すと文書の分量が多くなりがちな方は、この「自己満足型」に当てはまる可能性が大です。第 2 章を中心に読んでいただいて文書の基本設計の仕方を再確認しつつ、特に 2-2-1 項に示した最後まで読んでもらう難易度を意識していただくと、文書がわかりやすくなるでしょう。

3. 単位の表記ミス、英文のスペース抜けなどの修正をされることが多い方

→「恥かき型」の症状が出ているのかもしれません。この症状が出てしまうと、その文書の記載内容に関わらず文書の価値と信頼性が損なわれて残念な結果になりがちです。急いで第 4 章の特に 4-1 節を読んでいただき、執筆する際に無意識にやってしまっていたことがないか確認してください。ここに書いてあることを頭に刷り込めば、文書の信頼性を上げることができます。

4.「最後まで読むのが大変だったけど読んでみればいいこと書いてるね」と言われている方

→「機会損失型」と「自己満足型」の症状が出ている可能性があります。第 2 章で文書の基本設計を再確認いただきつつ、特に 2-2-1 項で説明する最後まで読んでもらう難易度を理解するようにしてください。そして 2-3-1 項で説明する「読者へのプレゼント」の考え方を身につければ、このようなコメントを言われなくて済むようになります。執筆後の読み返しが足りてない可能性もありますので 4-4 節にも目を通してください。

第2章 執筆前に文書の出来の7割が決まる

「執筆前」の準備は、読みにくい文書にしないための最も重要なステップです。このステップには、執筆意図を明確にして、それにふさわしいターゲット読者を選定して、適切な分量を決めてゆく、基本設計のプロセスがあります。また、「文書を最後まで読み続けてもらうための工夫」と、「結論に納得いただくための工夫」をする詳細設計のプロセスもあります。さらに、これらのプロセスを正しく動かすためには、文書を執筆する難易度も理解する必要があります。本章では、各文書に共通する基本設計と詳細設計の考え方を示します。執筆前にすべきことの基本原則としてこの第2章を読んでいただきたいと思います。

2-1 文書の基本設計

読みやすい文書を書くためには、実際に書き出す前に自分が書こうとしている文書が何を目的にしているもので、誰に読ませるためのものなのか、さらにその2点をふまえた上で、どの程度のページ数で書くべきなのか、どんな話題がふさわしいのかなど、大まかなグランドデザイン（基本設計）を描く必要があります。文書は目的と読者に応じて、それぞれ一品一様で都度考えながら設計して作るものなのです。

図2-1に示したように、まずその文書の執筆意図を決定します。これはつまり、読んでいただく読者に「何を伝えて」「どのような行動をして欲しいのか」という執筆者からのメッセージをはっきりとさせることです。その上で、誰がその執筆意図にふさわしい人物なのかを考えて読者を決定します。

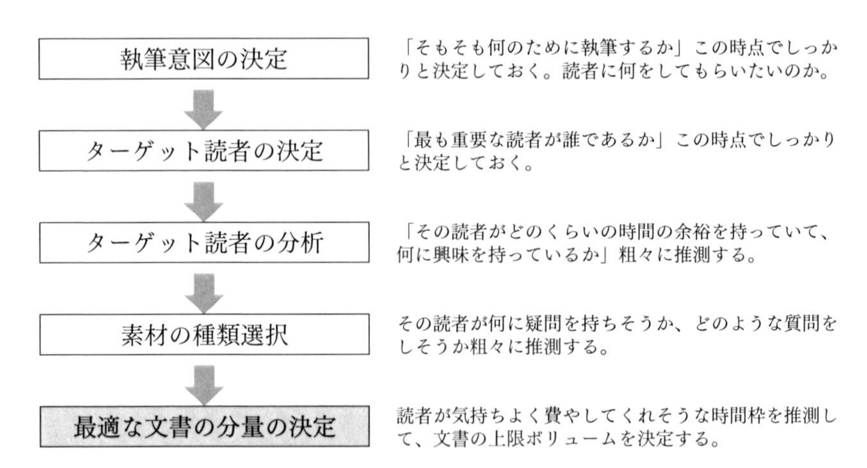

図 2-1　文書の基本設計としてすべきこと

そして読者をできる限り特定して、どのような知識と興味を持っている人か、どの程度の時間的な余裕がある人か、などの推定をします。その推定に基づいてどのような説明、話題展開をすれば興味を持ってくれて納得してくれるかを粗々に推定し、文書の分量を決めてゆくのが基本設計の流れです。

2-1-1　文書の執筆意図を決定する

執筆意図は執筆者からのお願い

文書の執筆意図を決定することは文書執筆のスタートラインで、ここを間違えたら全く違う文書ができてしまう最も重要な段階です。執筆意図とは文書を書く目的であり、「この文書を読んで納得したらこのような行動をして欲しい」という執筆者からの協力のお願いと言うことができます。「私の仕事の価値・意義を認めてください」、「何かあったら援助して欲しい」という単なるアピールに近いレベルから、「結果・成果を約束するから投資をしてください」、という説得・契約などに近いレベルまで、文書の種類によっていろいろな内容が考えられます。

執筆意図の種類

執筆者の担当業務、立場、所属組織によって違いがありますが、技術者が執筆する文書の執筆意図はおおむね**表 2-1** に示すものであると思います。表 2-1 に示したとおり、それぞれの執筆意図によって読者に期待する行動が違うので、文書に記載すべき話題と構成、それらの力点の置き方が変わります。詳しくは後述しますが、表 2-1 の執筆意図 A と B の

表 2-1　技術者が執筆する文書に関する執筆意図（例）

分類	執筆意図（目的・お願い）	文書（例）
A	• 執筆者が関わって進めてきた仕事を上司、関係者などに報告して重要性を伝える • 成果など良い報告を上位組織にアピールする • トラブルなど悪い報告を上位組織に速報して協力要請する	週報、月報、議事録、出張報告書
B	• 執筆者が開発した技術の価値を実験結果など確認済の事実に基づいて認めてもらう • 開発の定例報告 • 新規に開発した技術の PR • 委託元・パートナー探し	技術報告書、学術論文
C	• 自社の幹部に将来的な結果・成果を約束して予算、人員の配分を認めてもらう	開発提案書、予算計画書、組織変更提案書
D	• お客様に自社の製品・システムの特長を理解いただいてご採用いただく	顧客向け提案書、入札資料、カタログ
E	• 製品不具合について、原因究明を基に再発させない対策をお客様に納得してもらう	事故報告書、事故対策報告書
F	• 自社が開発した技術上の成果を世間一般に広く伝える • 会社としての技術力を宣揚する • 協業の申込み、販売の引合いを期待する	新製品発表、新技術紹介のプレスリリース
G	• 人事評価に関連して部下の良い業績・評価を人事部門に認めてもらう	昇格推薦書、人事考課推薦書

文書は主に過去に発生した事実を中心に記述することになりますが、執筆意図C〜Gの文書はこれから起きる未来の出来事の推測を含めて記述することになります。

また執筆意図Bの文書では、執筆者が考えた仮説を技術的な手段で検証した結果と考察の記述が中心を占める文書になります。一方、執筆意図C〜Gの文書では前提としての技術要素の記載は必要であるものの、読者を執筆者の考える未来の推測に納得させる記述が中心を占める文書になります。そのために、費用、想定収益など技術以外の視点での記述が多い文書になるのが普通です。

2-1-2　ターゲット読者を決定し分析する

誰に対するメッセージであるか

執筆意図を明確にすることで、誰に対するメッセージであるかを絞り込むことができます。執筆意図と読者との関係を**表 2-2** に示しました。この表から分かるように、執筆意図がAであっても想定される読者は複数になるので、執筆者はこの中から、最もメッセージを伝えたい相手は誰なのかを決定しなければなりません。この作業で執筆意図をさらに細かく特定します。

詳しくは第3章で文書ごとに説明しますが、たとえば出張報告書を執筆する場合は、上司に読んでもらいたいのか職場のみなさん全員に回覧で読んでもらいたいのか、同じ執筆意図Aであっても真の意図が違ってきます。文書に書く内容を決めるためには、その文書を読む主役をきちんと決めることが極めて重要です。

ターゲット読者

本書では、その文書の執筆意図に合わせて、最も読んでもらいたい読者を「ターゲット読者」と呼ぶことにしています。出張報告書を上司に最も読んで欲しいと決めたのであれば、上司がターゲット読者となり、その上司に何を伝えたいのか、メッセージをさらに研ぎ澄まして、その

表 2-2　執筆意図と読者との関係

執筆意図	想定される読者
A	まずは直属の上司である。さらに上位者までを想定する場合がある。職場回覧、CC配信などで大勢の関係者を読者と想定する場合もある。
B	開発費を出してくれている社内事業部などの委託元などがすでにいる場合はその委託元をまず想定する。まだ委託元がいない場合は、将来的に委託元になってもらえそうな部門、部署で不特定の技術者を想定する。
C	執筆者の所属する組織で予算、人員の配分に関して決定権のある人物を想定する。必ずしも一人とは限らない。
D	顧客企業で執筆者の提案を認めて採用の内示を出す権限のある人物を想定する。必ずしも一人とは限らない。
E	顧客企業で当該機器・サービスの調達に関わった部署の責任者とその周辺の人物、その機器・サービスの不具合で被害を受けた当事者を想定する。
F	一般の消費者を想定する場合もあるが、潜在的な顧客企業、サプライヤー、代理店、官公庁関係者、大学関係者などを想定することが多い。
G	推薦の目的である評価、昇格を決定する権限のある人物を想定する。人事部門を想定する場合と自部門の上位者を想定する場合がある。

上司が読みやすく理解しやすい文書にしてゆくのです。ターゲット読者として選択しなかった職場のみなさん向けには、上司向けに執筆した出張報告書を流用して回覧することになります。どうしても流用は駄目と考えるのであれば、職場のみなさんをターゲット読者と設定した別な文書の執筆をおすすめしています。

読者を絞り込む

　ターゲット読者の絞り込みが重要な理由は、絞り込まないと読者の分析ができないからです。一般的には絞り込めば絞り込むほど、その分析が容易になります。**表 2-3** にターゲット読者を絞り込むためのポイントを示しました。表 2-3 に示した 6 つの視点から読者を分析します。

表 2-3　ターゲット読者を絞り込むためのポイント

視点	分析のポイント	分析の結果	
1	特定できる個人か、不特定多数の集団か	個人	集団
2	その文書を読む義務がある立場の人か	ある	ない
3	執筆者と同じ専門性の人か、違う専門性の人か	同じ	違う
4	とても忙しい人か、そこまでは忙しくない人か	忙しい	忙しくない
5	執筆してゆく話題に関心を持っている人か、関心がない人か	ある	ない
6	執筆してゆく話題の周辺知識がある人か、ない人か	ある	ない

※該当するほうに丸をつける

表 2-3 に示すように、ターゲット読者は自身の上司など人物が特定できる個人の場合と、職場の人全員などのように特定できない集団の場合があります。また、その文書を職務上で読む義務がある立場の人か、内容次第で読むかどうか決められる立場の人か、という違いもあります。さらには専門性が執筆者と同じか違うか、時間を捻出しやすいかどうかという視点もあると思います。この表 2-3 に示す 6 つのポイントは文書の書き方を決める重要な手がかりなのです。

執筆の難易度と読者の性質

特に視点 1 から視点 3 の 3 つのポイントは、後述する執筆の難易度に大きく関係します。また視点 3 から視点 6 は、書くべき内容を選択する際に大きなヒントを与えてくれます。ターゲット読者が特定できる個人の場合は、その人物が持つベースの知識を推測し、執筆者が提供しようとしている話題に対して元々どのような意見を持っているのか、読者の時間の余裕度からその人物が気持ちよく執筆者の話題に付き合える時間の幅を想定します。

一方でターゲット読者が特定の個人でない場合は、集団として捉える必要があるのでこの読者分析が難しくなります。全くの不特定であると読者分析ができないので、執筆者として最も読んで欲しい読者層はどのような集団なのか、その文書を手に取ることが可能な読者集団の中から部分集合を定義することになります。

たとえば社内全般にイントラネットで技術ニュースとして公開される文書の場合、最も読んで欲しい読者は部長級の役職者なのか実務を担う若手技術者なのか、基本設計の段階で執筆者が決めなければなりません。開発予算などリソース投入に関連するお願いの意図があるのであれば、部長など意思決定ができる人に読んでもらう必要があります。また、いわゆる草の根活動として実務者の間での関心、気運を盛り立てる意図であれば味方をしてくれそうな若手技術者に読んでもらう必要があります。いずれにしてもどちらかに決めれば、「部長級」「若手技術者」というあいまいな限定ではあるものの、読者が求める文書の性質が推測できます。

第2章

2-1-3　最適な文書の分量を決定する

基本設計のゴール

基本設計のゴールは、最終的にどのくらいの分量の文書にまとめるかを決めることだと考えています。この方針が執筆中にぶれると大幅な書き直しを余儀なくされ、せっかく書いた文章が無駄になり、素材集めからやり直しになってしまいます。表1-2の「(2) 自己満足型」の文書はこの方針が欠落していることから発生します。特にターゲット読者が、「内容次第で読むかどうか決められる立場の人」である場合は、文書の分量に細心の注意が必要です。文書の分量を増やして情報量が多くなると、読むために必要な時間が長くなって最後まで読んでもらえないリスクが高くなることを強く意識していただきたいと思います。

分量決定は戦略のひとつ

職場によっては、たとえば「技術報告書は20ページ以上で書かなければならない」という昔の上司の指示が呪縛のように残っていて、執筆者が自由に文書の分量を決めて良いという認識がまったくないケースがありました。私は、文書を上手に書くという観点から、このような一律の指示は大間違いであって、文書の分量は執筆者が戦略的に決定する重要な方針だと考えています。もし、「○○文書は何ページで書く」と決められたルールがあれば、まずはこれを取り払うことが大切です。

執筆する文書の分量を決めることは意外と難しく、執筆意図、ターゲット読者、その分析結果から総合的に判断をしなければなりません。たとえば、顧客企業の部長に自社のシステムの採用を懇請する提案文書を書く場合（執筆意図D）、この部長が技術者ではない営業出身の人だとすると、どんな文書に仕立てるのが最も効果的なのでしょうか。

この場合、執筆意図が表2-2の「D」ですので、技術面の説明ばかりしていても採用してもらえません。その顧客企業のオペレーションの中で自社のシステムがどのような金銭的価値を発揮できるかという説明も必須でしょう。また、不具合・トラブルに関わるリスクの説明も必要かもしれません。一方でこのターゲット読者は、この提案書に関して、「内容次第で読むかどうか決められる立場の人」だと考えられるので、つまらないと思われたら即座にゴミ箱行きの運命が待っています。執筆者はじっくりと説明したいと思っても、企業の幹部は忙しいのでそれほど長く付き合ってくれるとは思えません。技術者ではない場合では、難しい技術の解説は分かってもらえない可能性が高く、文書が長く説明が複雑になるほどゴミ箱行きのリスクが高くなります。ここをどう考えるかが執筆者としての腕の見せ所です。

詳しく説明したいという思いを抑えられないと表1-2の「(2) 自己満足型」に向かってしまいますので、常に読者の視点に立ってベターな選択をすることが必要です（**図2-2**）。慣れた執筆者であれば、この基本設計の作業は15分程度でできます。この時間を惜しまず投資して、後戻り作業の泥沼に陥らないようにしていただきたいと思います。具体的な分量の目安については、第3章で述べます。

たくさんの情報を盛り込むと最後まで読んでもらえないリスクがある。
十分な説明をしないと執筆意図を分かってもらえないリスクがある。

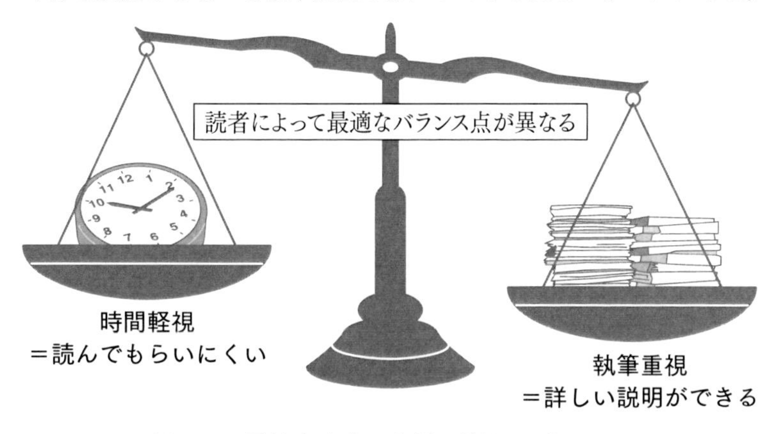

図 2-2　最適な文書の分量に関わるジレンマ

2-2　文書を執筆する難易度

文書のどこに力点をおくか

基本設計を説明したところで、次に文書を執筆する難易度について説明します。これは、次節で説明する詳細設計において、どこに力点をおくべきか、を知るために必要な準備です。

文書を執筆する際にあらかじめその難易度を理解することは、たとえて言えば、登山前の準備のようなものです。これから高尾山に登るのか富士山に登るのかヒマラヤに行くのかによって、装備や持ち物が異なります。難易度を間違えて、普段着でヒマラヤに行くと遭難してしまいます。文書の作成も同じで、基本設計をきちんとしていれば、その文書を書くことがどれだけ難しいのか書く前に分かります。どこが難所なのかも知ることができるのです。

難易度の考え方

一方で、文書を執筆する難易度を正しく理解することは実はそれほど簡単ではありません。どの文書でも、書き出す前に済ませておくべき事前作業があり、その作業を受けての執筆開始になります。議事録であれば会議の運営であり、技術報告書であれば実験の計画と実行です。開発提案書であれば商品企画などで、何をどうやって作るのかという検討になります。

このように事前作業と執筆は別物なのですが、往々にしてこの事前作業の難易度と文書を執筆する難易度が混ざって認識されているように思います。たとえば、特別な装置を駆使して行った実験の技術報告書は、執筆する難易度も高いように思えてしまいますが、私はそうではないと考えています。実験を企画して実行する難しさと、その結果を技術報告書として執筆する難しさは別物だと考えましょう。仮に高度な技術が必要な実験であったとしても、それは技術報告書を執筆する難易度には影響しないのです。

図2-3に示すように、「事前作業の難易度」を取り払って考えると、真の「文書を執筆する難易度」が見えてきます。たとえばプレスリリースのように一見簡単そうに思えてしまう文書の、正しい難易度が分かるのです。この「文書を執筆する難易度」は、「最後まで読んでもらう難易度」、「結論に納得してもらう難易度」に分けることができます。それでは、この２つの難易度についてそれぞれ説明します。

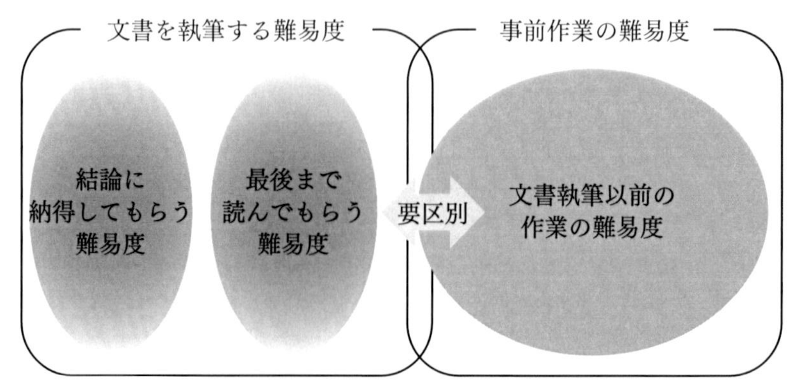

図 2-3　文書を執筆する難易度のイメージ

2-2-1　最後まで読んでもらえますか

最後まで読んでもらうことは難しい

これまで述べたように、文書は執筆者の意思が込められている読者に向けたメッセージなので、まずは最後まで読んでもらわなければなりません。ゴミ箱に捨てられてしまったら執筆した意味がないのです。そこでこの項では、ターゲット読者にとにかく最後まで読了してもらうことがどのくらい難しいかを「最後まで読んでもらう難易度」と称して説明します。

読む義務があるか

この難易度に影響する最も重要な要素が、表2-3の視点2に示した「その文書を読む義務がある立場の人か」というポイントです。たとえば試験の答案・レポートとして執筆された文書であれば、採点者は確実に最後まで読んで評価する義務を負っているので、文書の途中で読むことを止められてしまう心配はありません。したがってこの難易度は高くありません。これに対して、たとえば職場で回覧される技術報告書・出張報告書は大部分の読者にとって読む義務がなく、内容次第で読むかどうか決められるので、つまらないと思われたら回覧フダにチェックをされて、すぐに次の机に回覧されてしまいます。

相手から頼まれていないのに提出する提案書なども、冒頭部分でつまらないと思われたらすぐにゴミ箱行きになってしまいます。このように読者が「内容次第で読むかどうか決められる立場の人」であるときは難易度が格段に高くなり、一定の時間を費やしてもこの文書を読みたい、読む価値があると読者に思わせ続けて最後のページまで付き合ってもらう特別なテクニックが必要になります。これは執筆意図を実現する上で非常に重要なポイントになります。

個人か集団か

次に影響する要素が、表 2-3 の視点 1 に示した「特定できる個人か、不特定多数の集団か」というポイントです。ターゲット読者を特定できると「読者分析」が容易になって、読者の興味に合わせた文書に仕立てることができ、最後まで読んでもらいやすくなります。逆に言えば、ターゲットとする読者が特定されずに多数いる場合は読者像が絞りにくくなるので、最後まで読んでもらえない可能性が出てきます。

専門分野が同じか否か

表 2-3 の視点 3 に示した「執筆者と同じ専門性の人か、違う専門性の人か」というポイントもこの難易度に影響します。専門分野が同じであれば専門用語を含めて共通の知識に基づいて種々の前提を省略でき、共感を得やすいと考えられるので難易度は低下します。一方で、読者が違う分野の専門家である場合、そもそも技術者でない場合などは拠り所となる共通の知識がないので難易度は高くなります。

そこで、これまでに述べた「読者は読む義務があるか」「読者が特定されるか」「読者は同じ専門性を持っているか」という 3 つのポイントから、**表 2-4** に示すような 8 つの読者ケースに整理をしてみました。

読者ケースと最後まで読んでもらう難易度

ケース 1 とケース 2 は、ターゲット読者にその文書を読む義務があってそのターゲット読者も特定できる個人のケースですので、たとえば部下が上司に提出する週報、報告書のような文書、研修・試験でのレポートなどが該当します。人事系の推薦書、上位組織から下位組織に通知する連絡書などもこの中に含まれ、執筆の機会が非常に多いパターンです。同一組織内で取り交わされる文書はケース 1 になり、組織をまたがるとケース 2 になると考えます。どちらの難易度も高くありません。

ケース 3 とケース 4 は、集団のターゲット読者が読む義務を負っているので、理屈の上では存在しても実際には集団の読者が読む義務を負うことがほとんど考えにくいケースです。特殊な通達文などを除いて技術

表 2-4　読者の性質と最後まで読んでもらう難易度との関係

読者ケース	読者の性質			難易度	発生頻度
	読む義務の有無	個人か集団か	専門性の差異		
1	あり	個人	同じ	容易	非常に多い
2	あり	個人	違う	容易	非常に多い
3	あり	集団	同じ	該当なし	該当なし
4	あり	集団	違う	該当なし	該当なし
5	なし	個人	同じ	やや困難	多い
6	なし	個人	違う	やや困難	多い
7	なし	集団	同じ	困難	多い
8	なし	集団	違う	特に困難	かなり多い

者が執筆する文書では、実際には存在しない読者ケースと考えていただいて結構です。

ケース５とケース６は、ターゲット読者が個人でその読者が読む義務を負っていない、内容次第で読むかどうか決められる立場であるケースです。たとえばお客様向けの説明資料、社内の開発提案書、新規プロジェクトの提案書など、読者が興味を感じなければその場でゴミ箱行きになる文書が該当し、重要な局面で執筆の機会が巡ってくるものです。読者が特定できるので読者分析が十分にできるという救いがありますが、やや高い難易度になります。

ケース７とケース８は、ターゲット読者が集団でその読者たちが読む義務を負っていない、内容次第で読むかどうか決められる立場のケースですので、最も難易度が高くなります。専門性が同じケース７では投稿論文などの学会活動が該当し、専門性が違うケース８ではプレスリリース、社内回覧文書、社内の技術ニュースなどが該当します。これらも読者が興味を感じなければすぐに読むことを止められてしまう文書です。これらを執筆する際にはそれなりの覚悟が必要です。

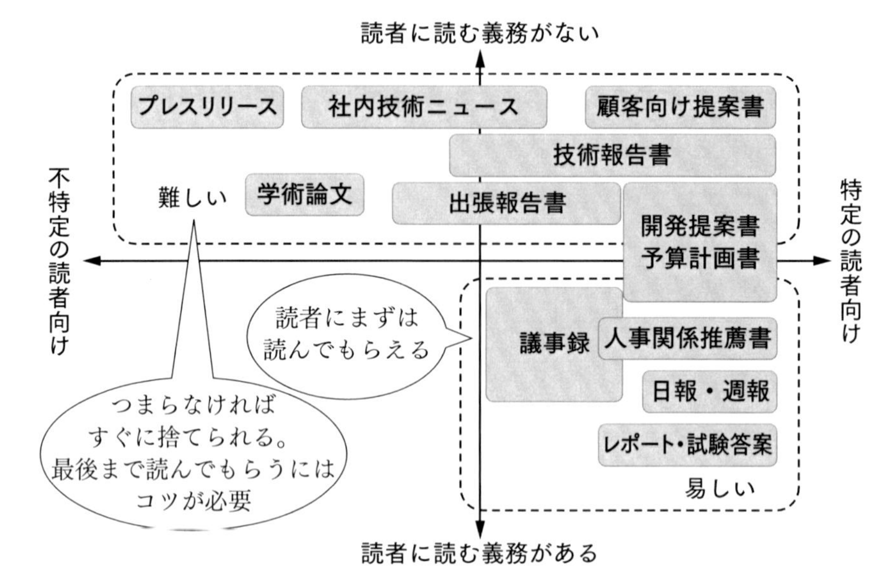

図 2-4　文書別に示した最後まで読んでもらう難易度

文書の種類別難易度

図 2-4 は、表 2-4 と同じ考え方で文書の種類別に「最後まで読んでもらう難易度」を四象限で整理したものです。右下の部分が比較的容易に最後まで読んでもらえる文書であることを示し、右上から左上に進むほどに最後まで読んでもらうことが難しくなることを示しています。おそらくみなさんが直感的にイメージしている執筆の難易度と異なっており、たとえば開発提案書よりもプレスリリースのほうが最後まで読んでもらうのが難しいというのが私の意見です。

2-2-2　結論に納得してもらえますか

説得は難しい

ここでは、執筆した文書をターゲット読者に最後まで読んでいただいたという前提で、その結論に納得いただいて執筆意図に沿った行動をしてもらうことがどの程度難しいかについて考えます。2-1-1 項で述べたように、表 2-1 の執筆意図はさまざまなものがあります。執筆意図によって結論に納得してもらう難易度が変わってくると考えられ、一般的には報告・アピールよりも説得のほうが難易度が高くなると思います。

記述対象と時間

この難易度に関わるもうひとつの視点として、その文書が記述対象とする時間の範囲があります。これは、いつ起きた出来事、いつ起きる出来事を記述する文書なのか、ということです。**図 2-5** に私がイメージする文書ごとの記述対象となる時間の範囲を表してみました。

たとえば、「週報・議事録」はごく近い過去の報告をしつつ、今後の方針についても若干言及するので、執筆時点を中心にやや過去寄りの狭い時間の範囲が対象になります。「技術報告書」はさらに過去の出来事に力点を置いて、執筆時点よりもかなり過去に寄った時間の範囲を対象に執筆されます。一方で、「開発提案書」、「顧客向け提案書」などでは過去に起きた事実を基礎にしつつも、未来の効果・結果を予想してこれから起きる未来の出来事に力点を置いて執筆されます。このように、文書に

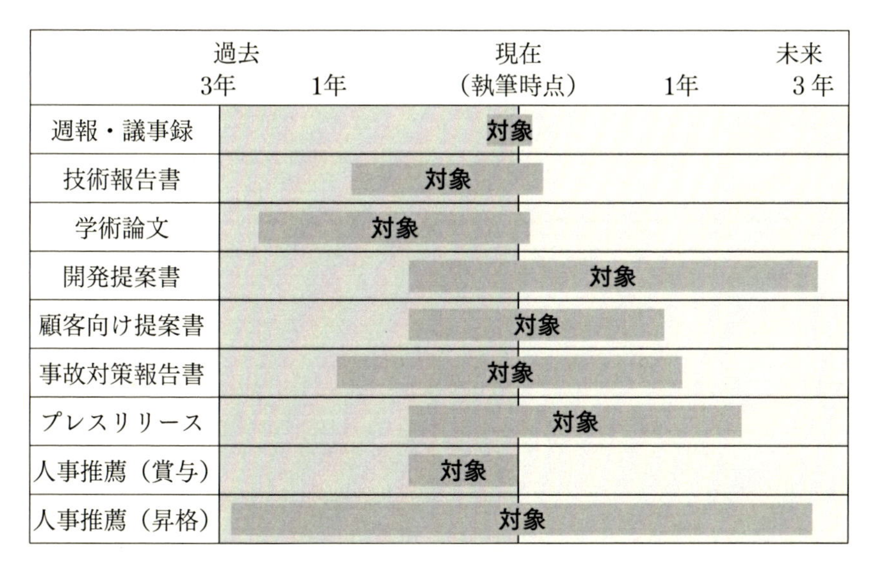

図 2-5　それぞれの文書が記述の対象とする時間の範囲

よって記述対象とする時間の範囲が違っており、特に実現するかどうか分からない未来の記述に力点を置く文書は、結論に納得してもらう難易度が高くなると思います。

説得と時間の関係

そこで、読者への説得などの要素が強いかどうか、記述の対象とする時間の視点でどのくらい未来に力点を置いているか、という2軸の整理をして、**図 2-6** にそれぞれの文書を四象限で表示をしました。

「読者の説得に力点」がある文書は、未来の出来事を予想して説明することが多くなるため、第一象限に提案系の文書が集まります。また、「読者への報告・アピールに力点」がある文書は過去の出来事を中心に記述することが多くなるため、第三象限に報告系の文書が集まります。自社の技術力を宣揚して協業パートナーを探すための「新技術プレスリリース」は、アピールではあるものの、未来の出来事に関する記述が多くなるため第二象限に入ります。製品事故に関する顧客向けの「事故報告書」は、作業工程など過去の事実を徹底的に検証して顧客の納得を求

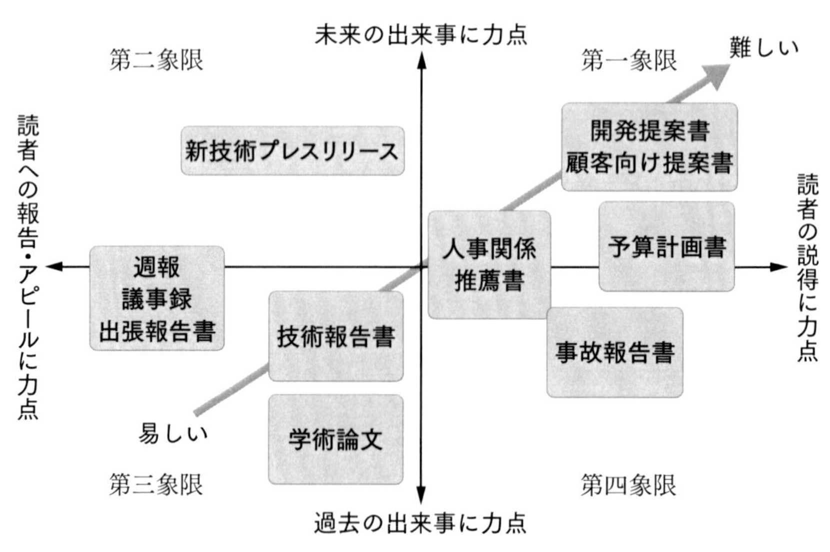

図 2-6　文書別に示した結論に納得してもらう難易度

めるため第四象限に入ります。この図 2-6 では左下の第三象限から右上の第一象限に向かって難易度が高くなると考えています。

2-2-3　難易度が分かると工夫ができる

文書の難易度を知る

これまで文書を執筆する難易度について、「最後まで読んでもらう難易度」と「結論に納得してもらう難易度」に分けて説明をしてきました。そこで、これらの難易度を文書別にまとめて、さらにそれぞれの総合難易度を付けてみました。このまとめを**表 2-5** に示します。

表 2-5 で難易度に幅があるのは、同じ種類の文書でも異なる執筆意図とターゲット読者を持つものがあるためです。この総合難易度は、最終的に「執筆意図を実現するための難易度」となります。

たとえば、週報、議事録、出張報告書などが比較的執筆するのが易しくて、技術報告書、学術論文、開発提案書、予算計画書などは、執筆するのが難しくなります。最も執筆が難しいグループは、社外に出る文書である顧客向け提案書、事故対策報告書、プレスリリースになります。

表 2-5　文書を執筆する難易度のまとめ
（総合難易度は、2 つの難易度の高いほうで決まる）

文書の種類	最後まで読んでもらう難易度	結論に納得してもらう難易度	総合難易度
週報、議事録、出張報告書など	1〜2	1	1〜2
技術報告書、学術論文など	3〜4	1〜2	3〜4
開発提案書、予算計画書など	2〜3	3〜4	3〜4
顧客向け提案書など	3〜4	4	4
事故対策報告書など	3〜4	4	4
新技術紹介のプレスリリースなど	4	2〜3	4
人事関係の推薦書など	1	2〜3	2〜3

1：易しい　　2：やや難しい　　3：難しい　　4：とても難しい

読者のみなさんのこれまでのイメージと合っているでしょうか。

難易度を把握しておく

文書を書き出す際に、この２つの難易度を理解しておくことはとても大事なことです。たとえば、技術報告書、学術論文では「最後まで読んでもらう難易度」が高く、「結論に納得してもらう難易度」がやや低くなっています。このことは、文書の詳細設計で、最後まで読んでもらうための工夫を徹底的に考えなければならないことを示しています。また、人事関係の推薦書のように、「最後まで読んでもらう難易度」が低く、「結論に納得してもらう難易度」がやや高い文書では、とにかく結論に納得させる点に集中して工夫をすれば良いことを示しています。このように２つの難易度が異なる際には、その違いが、次節で説明する「文書の詳細設計」で力点をおくべき工夫のヒントとなります。ぜひ文書の基本設計を終えたら、本節で説明した難易度を理解していただきたいと思います。

2-3　文書の詳細設計

読者のメリットを明確にする

文書の基本設計ができて文書を執筆する難易度も理解したところで、いよいよ本格的な詳細設計を始めることになります。詳細設計では、基本設計で確認した執筆意図とターゲット読者を起点に、ターゲット読者に提供するメリットを明確にして、説得のためのストーリーを考える作業をします。2-2 節で説明した２つの難易度のうち、高いほうの難易度を意識しつつ、自ら決めた最適な文書の分量を守って書けるようにするのです。

やや大げさかもしれませんが、私は、読者に文書を読み始めてもらうことは「貴方にメリットがあることを約束するから、今この時間をください。そしてここに書いてあることをやってください」と読者にお願いすることだと思っています。すなわち、**図 2-7** に示すように、「この文書を読んでください（お願い①)」、「魅力的な仮説をお持ちしたのでご協力ください（お願い②)」、という２つのお願いをしていることになります。

２つのお願い

「お願い①」は、読者にまず時間を使って文書を読んでもらうためのお願いで、このお願いの背景として「読めば面白いですよ、貴方にとって価値がありますよ」という約束があります。「お願い②」は、もう少し長い時間軸でのお願いと約束で、「執筆意図どおりの行動を読者がとってくれれば、多少の時間がかかるかもしれませんが最終的に読者にとって利益がある」、という約束があります。

私はこれら２つのお願いは、執筆者と読者の間で結ぶ一種の契約であると考えています。「お願い①」が予選の契約で、これに同意いただいた後の「お願い②」が本番の契約といった感じでしょうか。たとえば、

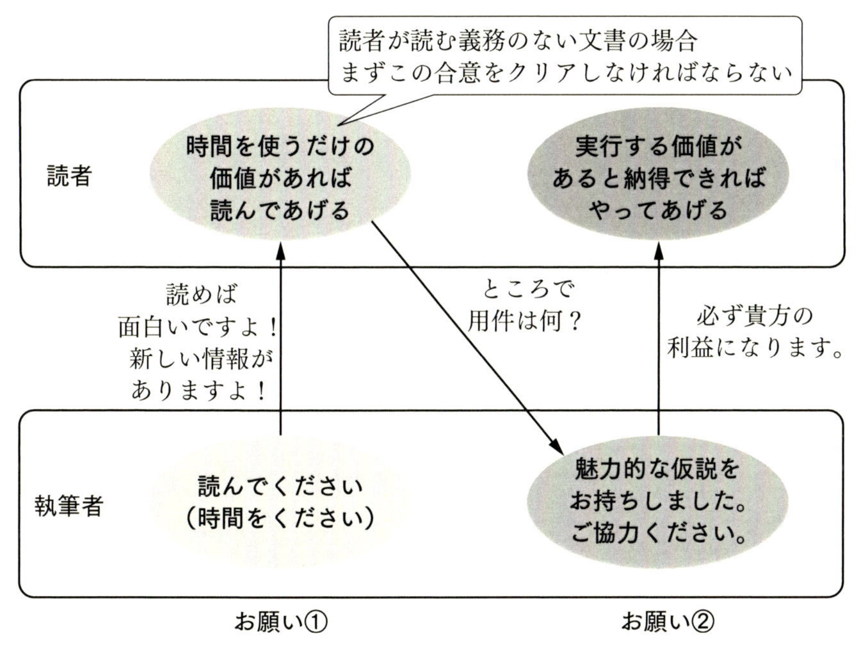

図 2-7　執筆者と読者との契約関係

試験の答案のように読者に読む義務があったとしても、あまりに面白くなく価値が感じられない文書であったとすると、読了した時点で読者は時間を無駄にさせられたと憤慨している可能性が高くなります。その場合、「私の答案に高い評価をください」という肝心の「お願い②」が認められにくくなります。本節で解説する文書構成の検討は、「お願い①」と「お願い②」を読者に聞いてもらうための作業になります。２つの難易度に対応させて、この「お願い①」を「最後まで読んでもらう工夫」とし、「お願い②」を「結論に納得してもらう工夫」と称して説明します。

2-3-1　プレゼントで最後まで読んでもらう

顧客向けの提案書や新技術紹介のプレスリリースのように、最後まで読んでもらうのが難しい文書を作成するとき、本項で示す工夫が重要になります。私は、文書を書き始める際、またはプレゼンのストーリーを考える際には、つねに執筆者（講演者）から読者（聴衆）への「プレゼント」を考えることにしています。この「プレゼント」とは、読者がこの文書を読みたい、読み続けたいと思う理由となります。

読者は忙しい

図 2-8 に示したように、ターゲット読者は誰であっても基本的には忙しい人のはずです。その忙しい人に、業務時間を割いて文書を読んでもらうことになります。すなわち執筆者が、この文書を読んで欲しいと思っても、読者は読み始める前から「忙しいときにこの文書は何だ！？今読まなければならないのか？」と思ってしまう可能性が高いのです。

文書で示す読者へのメリット

これに対して、執筆者は時間を割いてもらう価値があることを速やかに示さなければなりません。その価値がこれから説明する「プレゼント」です。私は、「プレゼント」には２つの種類があると考えています。ひとつは「興味を刺激することで直観的に相手を引き付けるタイプ」で、

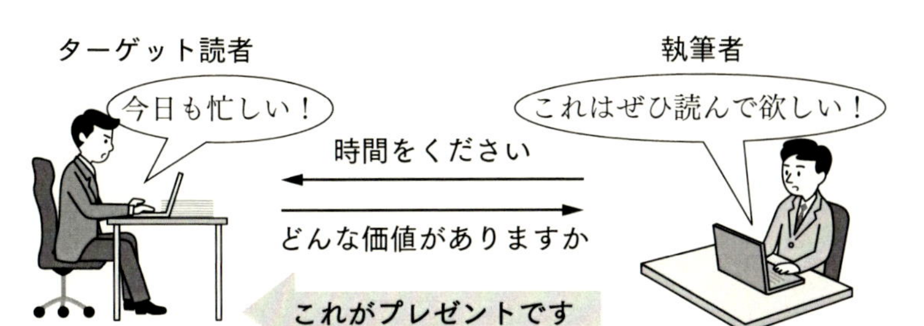

☆興味を刺激するプレゼント
・昔の上司、部下など知人の消息
・気になる企業の状況
・昔の勤務場所の状況
・気になる重要人物の発言

☆知的な刺激のプレゼント
・これは知らなかった（ニュース）
・なるほどこうゆうことか（納得）
・こうゆう見方もあるね（共感、同意）
・この手があるか（新しい手法）
・これは凄い、凄そうだ（驚き）

図 2-8　まず文書を読んでもらうための工夫

もうひとつは「知的好奇心を刺激して読んでみたいと思わせるタイプ」です。

前者は、特に議事録、出張報告などの回覧文書で活用できる「プレゼント」です。たとえば、海外現地法人の駐在員などと現地で撮った写真を冒頭に貼りこむことで、回覧先の関係者の目を引きます。以下に例を示します。

<文例>　興味を刺激するプレゼント

なお、このアブダビ事務所には我が○○事業部から派遣されている○○営業部の○○参事と○○主務が本年4月から駐在して執務を行っている。両名ともに当地の猛烈な暑さにも慣れて地場の有力代理店である○○○社と○○○社を担当して空調機器関係の製品拡販に尽力しているとのこと。日本の本社からの新製品情報を心待ちにしているとのことでもあり、現地○○○社と○○○社をターゲット

事務所長
○○参事　○○主務

としている国内メンバーはぜひこの両名にコンタクトするようお願いします。

後者の「知的好奇心を刺激して読んでみたいと思わせるタイプ」は、技術報告書、学術論文、開発提案書など論理性が高い文書に活用できる「プレゼント」です。読者がやりたいと思っていてもできなかったこと、知りたいと思っていることなどを予測して、それらの情報を盛り込む作戦です。読者分析がきちんとできていることが前提で、ざっと読むだけで理解できるようにする表現テクニックも必要になります。この「プレゼント」を上手に使いこなすためにはそれなりのコツが必要ですが、効果は絶人ですのでぜひ試していただきたいと思います。以下に例を示します。

＜文例＞　知的好奇心を刺激するプレゼント

これまでの会社・事業場における保健指導では定期健康診断の検査データを基に指導を行ってきましたが、今後は新たにレセプトデータも併用した保健指導ができる可能性があります。よく知られているように、レセプトデータは健康保険組合など医療保険者が所有する個人の診療状況に関する極めて機微なデータであるため、これまで会社（事業主）は一切のアクセスができませんでした。これに対して近年、厚生労働省から「データヘルス」、「コラボヘルス」というキーワードと共に、一定の条件のもとにこのレセプトデータを保健指導に活用できるという方針が示されました。レセプトデータが示す直近の診療の状況を参照しながら保健指導を行うことがいよいよ現実的になってきたのです。本報告では、国内初の事例として…。

2-3-2　信頼感で結論に納得してもらう

前項の工夫を施し「お願い①」に同意して読者に文書を読み始めてもらえたら、次はいよいよ「お願い②」に同意してもらうことになります。本項は、事故対策報告書や予算計画書など、2-2-2 項で述べた「結論に納得してもらう難易度」が高い文書を作成する上で、特に重要なポイントとなります。

基本は論文形式

他人に納得してもらうための基本的な論理構成は、**表 2-6** に示すようなお馴染みの論文形式です。どのような種類の文書であっても、まずはこの形式を基本としますが、文書の種類によって個別の注意も必要です。図 2-5 で示したように、文書によって記述対象とする時間の範囲が違っ

表 2-6　他人に納得してもらうための基本的な論理構成

構成要素	記載内容
緒言	文書の目的を示す。執筆者が注目している解決したい課題を明らかにして、執筆者の狙いとそこに到達するための手段を、仮説も含めて説明する。社会トレンドに関する意外な見方、大胆な仮説などで読者をうならせることができれば、それが読者への「プレゼント」になる。
方法 手段	前記の課題を解決するために、これまで用いた手段、これから利用しようと考えている手段などについて、読者が理解できるように説明する。この手段が新しいもの、意外なものであれば「プレゼント」になる。遅くともこの段階までに「プレゼント」を仕込んでおくべきである。
結果	これまでに得られている事実・結果を客観的に定量的に紹介する。
考察	前記の事実・結果が執筆者の考えに合っているのかどうか、その理由について説明して仮説の検証を行う。
結論	事実・結果に基づいて執筆者の狙いが概ね正しいことを総括し、今後の活動継続・拡大の必要性を訴えて読者に協力をお願いする。

ており、特に未来の出来事に執筆内容の力点がある文書では、執筆時点で十分な事実・結果が得られていません。そのような場合はこの論文形式だけでは不十分です。

読者が納得できない理由

そこで**表2-7**に、読者が執筆者の結論に納得できないと感じる典型的な理由を記述対象とする時間が未来なのか、過去なのかに分けて列挙してみました。

未来の出来事に記述の力点がある開発提案書など各種の提案に関わる文書では、主張の根拠となる現在もしくは過去の事実をどこにするかが最大の悩みどころになります。たとえば、インターネットなどで探してきた出所が不明な情報を基に論理を組み立てると、すべてのストーリーの信頼性はその出所次第ということになってしまいます。

またよくありがちですが、俯瞰的な市場の検討がないままに、特定の製品・技術への期待が右肩上がりで伸びると主張するストーリーも、執筆者に思い込み・バイアスがあるものと疑われてしまいます。プレスリ

表2-7　読者が結論に納得できない典型的な理由

記述対象の時間の範囲	納得できない典型的な理由	文書例
未来の出来事に力点	• 根拠となる事実が足りない • 根拠となるデータの信頼性に疑問がある • 未来を予測する仮説、論理に納得できない • 説明が定性的である • リスク・デメリットが説明されていない • 良いことしか説明していない	各種提案書 人事関係推薦書 プレスリリース
過去の出来事に力点	• 情報が多すぎて繋がりが分からない • すべての情報が開示されているか疑問 • 恣意的に都合の良いデータを示している • データの取り方がおかしい	週報 議事録 各種報告書 学術論文

リースなどでは、たとえば「水素を活用するので二酸化炭素を全く排出いたしません」などのように、都合の良い部分だけを切り取って説明をしてしまうケースがあります。これに対して、よく知っている人は現状で水素は２次エネルギーにすぎず、水素を作る段階で二酸化炭素が排出されていることを承知しているので、このようなプレスリリースは怪しいと感じてしまうのです。

過去の出来事に記述の力点がある技術報告書など各種の報告に関わる文書などでは、主張の根拠となる事実がたくさんあり過ぎることが悩みになってきます。実験系の仕事の場合は、微妙に条件を変えて、取得した大量の実験データをどのように取捨選択して活用するのか、市場動向など調査の仕事の場合はどこを調べてどこを調べないのか、決め方が難しいのです。たとえば、大量にデータがあるのにも関わらず、きれいに直線関係を示すデータだけが紹介されていると、都合の良いデータだけ出してきているのではないかと疑われてしまいます。

結論に納得してもらうように書くコツ

そこで、表2-7の「未来の出来事に力点」のある文書と、下半分である「過去の出来事に力点」のある文書に分けて、結論に納得してもらうように書くコツをまとめました（**表2-8**）。それぞれの文書ごとのコツは第３章で詳しく紹介するので、ここでは共通の概要を理解していただければ結構です。

結論に納得してもらう工夫が理解できたら、執筆前の最後の準備として、説得の素材を決めて収集を行います。ここでのポイントは、①絞り込むことを考えずに関連しそうなデータをいったん洗いざらい集めること、②過去に執筆した週報、メールなどの文章ですでに他人の目に触れたものを集めること、です。

説得素材の収集

私は素材の収集と絞り込みは別の思考で行われる作業であると考えています。絞り込むことを考えながら素材を集めていると大切なものを取

表 2-8　結論に納得してもらうように書くコツ

文書の分類	納得してもらうためのコツ
未来の出来事に力点のある文書（難しい）	●未来の出来事に対してなぜこのような結論を導いたのか、執筆者が検討した道筋を明らかにする ●その道筋の中で拠り所としたデータを明らかにする ●その拠り所には政府機関、国連機関など権威ある団体が公表したデータを活用することが望ましく、常識的なデータを基に導いた結論であることを強調する。複数のシナリオを示せるとなお良い ●読者が当然疑問に思うことは必ず記述する ●バラ色のシナリオはむしろ読者から警戒される。リスクなどネガティブな情報も積極的に記述する ●執筆時点で分からないことは率直に分からないと書く
過去の出来事に力点のある文書（易しい）	●多数ある確認済の事実の中から、結論を導くために必須なデータを厳選する ●データの選択について恣意的ではない原則を設ける ●定量的な事実を重視する ●実験・検証のプロセスも要点を開示する ●違う種類の読者には文書の構成を変えて対応する

り逃がしてしまって、執筆段階でそれに気づいてまた収集するという面倒くさいことになりがちです。まずは、使えるかもしれないと思った素材はとにかく一旦集めましょう。また、過去に自身で執筆した文章などですでに他人の目に触れているものは、他人の評価が済んだものなので、安心して使える格好の資源となります。

比較的長めの文書を頻繁に執筆する人はこの辺の要領が良くて、常に文章の「再利用」を意識して文章を書いているはずです。週報など分量の少ない文書を作成する際には、その後に執筆する可能性がある分量の多い文書（開発提案書など）の素材として再利用するつもりで書いておくと執筆効率が向上します。

第２章のまとめ

■執筆前の準備で行うことは、「基本設計」、「難易度確認」、「詳細設計」である

■「基本設計」では、執筆意図、ターゲット読者、最適な文書の分量を決める

■「難易度確認」は、詳細設計のどこに力点をおくべきかを知るための下準備である

■「詳細設計」では、読者に提供するメリット（最後まで読んでもらう工夫）を明確にして、説得のためのストーリー（納得してもらう工夫）を考える

• • • ベテラン査読者からのミニアドバイス • • •

「基本設計チェックシート」

繰り返し述べているように、第２章で説明していることが最終的に文書の出来栄えの大部分を決めます。文書の表題は同じでも、執筆意図とターゲット読者の設定が変わると、文書の構成と内容は全く違うものになるはずです。

そこで、文書の基本設計に関するチェックシートを用意したので、執筆前にご活用ください。チェックする際は、執筆者ご自身でチェックするだけでなく、共著者がいれば共著者と、査読者などの相談相手がいればその方と一緒にチェックしていただくとより効果的です。

文書の基本設計に関する執筆前のチェックシート

項目	チェック内容	チェック欄
執筆意図	この文書を読む読者に対するお願い（読んだ後にしてほしい行動）を明確に決めたか（例：開発費を出してほしいなど）	□
	読者に対するお願いは、報告・アピールなのか、約束を伴う説得なのか、その違いを認識したか	□
	読者にそのお願いを聞いてもらうためには、過去の出来事に力点を置いて書くべきか、未来の出来事に力点を置いて書くべきか、記述対象となる時間の範囲を認識したか	□
ターゲット読者	ターゲット読者を誰にすると絞り込みを済ませたか。個人ではない集団の場合は、特に狙いたい集団を特定したか	□
	ターゲット読者以外の読者に対する方針を決定したか（こちらも重要な読者である場合は文書を２種類に分ける必要がある）	□
読者分析	ターゲット読者はこの文書を読む義務があるのか、内容次第で読むかどうか決められる人なのか判断したか	□
	ターゲット読者はとても忙しい人か、そこまでは忙しくない人か、どの程度の時間であれば文書を読む時間に使ってくれそうか検討したか	□
文書の設計	ターゲット読者に気持ちよく読んでいただけそうな文書のページ数はどの程度であるかを相手の立場で考えたか	□
	技術的記述を中心に書くのか、それ以外の投資・損益など計数を中心に書くのかなどストーリー展開の軸について検討したか	□

第3章 執筆前に考える文書別テクニック

本書の冒頭で述べたように、文書を「上手に書く」ことは、文章が上手いことではなく、読者が執筆者の意図通りに行動してくれる文書を作成することです。このためにはまず、執筆者が読者にして欲しいこと（執筆意図）を明確にしなければなりません。また誰が最もその意図にふさわしい読者であるのかも決めなければなりません。

本章では、これまで説明した文書の基本設計と詳細設計の原則に基づいて、文書の種類ごとに「上手に書く」ためのテクニックを紹介します。また、その実例として私が執筆した文書の文例も可能な限りご紹介します。テクニックの基本となる比較的やさしい文書から順に説明します。

文書と仕事のサイクル

本書で取り扱う文書（表 1-1）は、それぞれ執筆意図もターゲット読者も異なる文書ですが、実はお互いに密接な関係があります。良い仕事に出会った技術者はその仕事を進めてゆく過程で、おおよそ**図 3-1** に示した順番で、すべての文書を一通り書きながら仕事を進めてゆくことになります。

たとえば、最初に「週報」で速報を出してこの仕事の着手をアナウンスし、次に「技術報告書」で詳しいデータを示して周囲に信頼してもらい、「議事録」を基に「開発提案書」を書いて開発費と人員を確保して正式に開発を進めることになるのです。そして開発が上手く進めば「顧客向け提案書」を作成します。さらに、めでたく採用してもらえば、製品の市場投入に関する「プレスリリース」を書くことになります。ここまで仕事が上手く進むと、上司が「人事関係の推薦書」を書いてくれて評

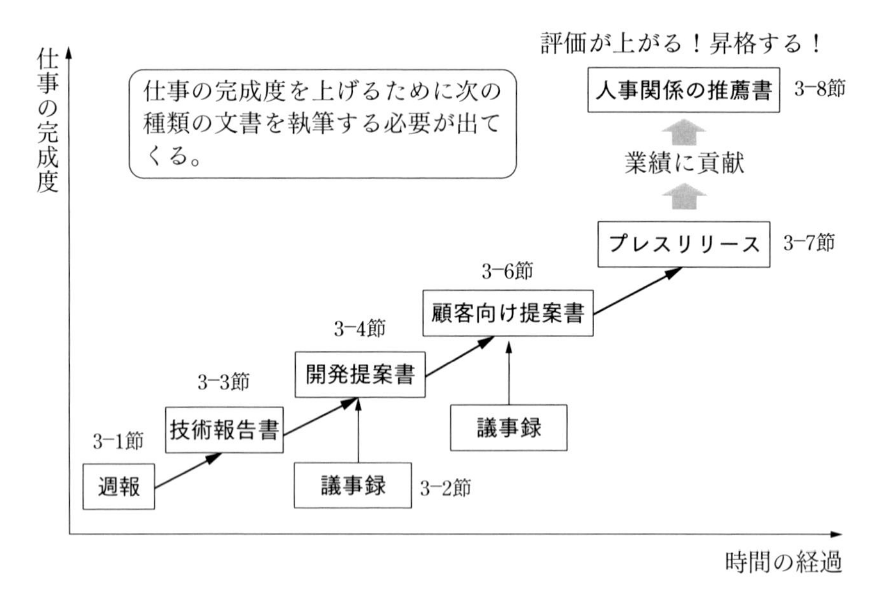

図 3-1　仕事の進捗と執筆する文書の関係
（図中の番号は、対応する節番号を示します）

価が上がり、社内で表彰もされて昇格する可能性があります。

これは単純化したひとつの例ですが、これらの文書を続けて書くことは技術者の仕事のサイクルそのものと言っても過言ではありません。逆に言えば、どれかひとつでも書くことが苦手な文書があると、この仕事のサイクルが切れてしまいます。自身の意思に基づいて完結した仕事をやり抜くためには、本章で説明する文書を、一通り上手に書けるようになる必要があります。ぜひそれぞれのコツをつかんでいただきたいと思います。

本章では、できるだけ私が会社生活の中で実際に用いた「実例」をお見せしたいと思っていますが、残念ながら散逸してしまったものもあります。その場合は、当時を思い出して再現しました。文例には以下のような種類がありますので、あらかじめご承知ください。なお、文例中の数字などは架空のものです。

実例 ：その当時に作成して実際に使用した文書

実例（再） ：その当時に作成して実際に使用した文書から一部を抜粋したもの。もしくは、当時の実際のストーリーに合わせて本書のために再現した文書

創作 ：実在しないストーリーで本書のために創作した文書

3-1 週報を執筆するコツ

上位組織に上がってゆく週報

私が所属してきた会社では、業務活動の状況が週単位で、下位組織から上位組織に報告されることが標準となっていました。部門によって若干の違いはありますが、たとえば一般社員は、前週の水曜日からの業務活動の要点をテキストベースでまとめて火曜日までに課長に提出し、課長が水曜日中にそれらをまとめて部長に提出する。部長は木曜日中に全部の課の報告を把握した上で、部の報告として事業部長に提出する、という連鎖的な情報伝達です。基本的に階層が上がるほど話題の数が増えて情報量も多くなります。

週報が、報告の方法としてベストであるかどうかは別な議論とさせていただきますが、各階層で情報が整理されて上位組織に上がってくること、情報が上位組織に上がった時点で下位組織の責任者はその報告内容を承知していること、などがこの方式の強みだと思います。

週報の弱点

一方で、中間の管理職が情報の整理をすることによって、一階層ごとにだいたい1日の遅れが発生します。また個々の話題の説明もそれぞれ圧縮されて、上位組織に届かない話題も多数出てきます。週報にはこのような種々の弱点もあるのですが、国内の企業でも比較的広く採用されているのではないかと思います。

たかが週報されど週報

私は、「週報」は担当者から課長、部長、その上の幹部に至るまで、会社の中で最も基本的でかつ重要な文書であると考えています。はっきり言えば、「週報」がきちんと書けない限り、他の文書を上手に書くことはできません。

また週報の指導ができない上司は他の文書の指導はできないと思います。たかが週報かと思われがちですが、されど週報なのです。本節ではこの認識に基づいて詳しく説明をしてゆきます。会社や部門によっては、週報ではなく日報や月報が採用されているかもしれませんが、連鎖的な情報伝達という点では同じですので、時間の余裕度の違いを勘案して読み替えていただければ結構です。

3-1-1　執筆意図：良い報告と悪い報告で2種類ある

連鎖性を利用する

そもそも週報は何のために書くのでしょうか。「上司に書けと言われているから書いている」、という方がもしいたとしたら、その時点で週報を上手に書けていないことが分かってしまいます。

本書の冒頭から述べているように、いかに小さな文書であっても必ず執筆意図があります。週報は小さな文書であるが故に、そのメッセージ性が軽視されてしまう問題点があります。私が考える週報の執筆意図は、自分が週報に書いた話題を上司の週報に掲載してもらい、連鎖性を利用して最終的に幹部にまで届けることです。

良い報告・悪い報告

典型的な週報の報告内容は、**表3-1**に示すように「良い報告」と「悪い報告」に分けることができます。そしてそれらは、これまでの経緯を報告済みの「既知」の出来事か、これまでの経緯を全く伝えていない「新規」の出来事かに分けることができます。

表 3-1　週報に関する執筆意図 A の枝分かれ

枝分かれした執筆意図	報告の内容とお願い	報告例	経緯
A-ア	**良い報告** 成果を上位組織にアピールして、次のステップに備えていただくお願いをする	以前から提案中であったA社向けシステム案件はA社から内示があり、当社が受注できることになった。	既知
		研究所が新たに開発した合金 α を製品Yに採用すると耐熱寿命が3倍になる可能性があることが分かった。	新規
A-イ	**悪い報告** 上位組織への支援・バックアップのお願いをする	既報の製品トラブルの原因が確定し、事態収拾に必要な部品交換と作業コストが約○○百万円と判明した。	既知
		受注済のB社向けシステムのコスト積算でミスが発見されて、現状のままでは約△△百万円のロスが出ることが分かった。	新規

良い報告は露払い

まず週報の内容が「良い報告」であるならば、それに関わった担当者、その上司ともに、その内容を客観的な事実に基づいて上位組織にアピールすることが主なお願いになります。ここでしっかりとアピールをしておかないと、次のステップにある開発提案書、予算計画書などでリソースを要求する際に、幹部から「知らないよ」と言われてしまうかもしれません。

大きな成果を出した担当者については、次のステップで社内業績表彰の申請をし、賞与の高評価を申請し、場合によっては昇格の申請書も書くことになるかもしれません。週報でアピールができていると、「あの話だよね」と幹部に言ってもらえて、話がとてもスムーズになります。

このように、週報の「良い報告」は、次に提出するお願い文書の露払いとも言える重要な役割があるのです。これを表 2-1 の執筆意図 A が枝分かれした A-アとします（表 3-1）。本当にアピールすべき話題は、他部門の話題を押しのけてでもトップにまで届けなければなりません。前述のように、まずは自分の週報を上司の週報に載せてもらい、その次の上司の週報にも載せてもらう必要があるのです。

悪い報告は早く届ける

週報の内容が「悪い報告」であるならば、その執筆意図は上位組織への支援・バックアップのお願いになります。これを表2-1の執筆意図Aが枝分かれしたA-イとします（表3-1）。特に自部門だけで対処できない問題が発生した際には、被害を最小限にとどめるために全社的な対応が必要です。すでに社内的に既知の問題であっても、その対処の進捗については、関係部署に都度助けてもらうことを想定して情報をアップデートすべきと考えます。

特に大切なことは、「新規」に発生した「悪い報告」をいかに早く幹部に届けるかという視点です。全社的な対応を早く起動するために、原因究明などが不十分であっても、判明している事実関係のみでとにかく早く第一報を発信すべきです。

なお、週報には速報性に欠ける弱点があるので、この表3-1のA-イでは、出来事の重大性によっては通常の週報とは別に、緊急報告を幹部に直接発信することも考えなければなりません。

3-1-2　ターゲット読者

上司が執筆しやすくする

この週報の場合は極めて明快で、執筆者が書いた話題を次の上司に伝えてくれる直属の上司がターゲット読者です。日頃からお付き合いしている自分の上司であれば、特に読者分析などしなくても、どのような考えと知識を持っているかは十分に分かるはずです。

週報は、読者である上司も同じように書く連鎖的な情報伝達なので、自身がどのように執筆すると上司が執筆しやすいかを考えましょう。これはゴマすりでも忖度でもありません。上司が執筆しやすければ、上司の週報に自分の話題が採用される確率が高くなるのです。

直属の上司がターゲット読者

職場によっては、担当者の週報は相互にCCで情報を共有しあう、課長の週報も課長同士で共有しあう、という習慣があるようです。このCCが増えてくると、ターゲット読者である直属の上司よりもこのCCの読者が気になって、同僚同士での情報共有が主目的になっている週報も見受けられます。

いかにCCの宛先が増えようと、直属の上司がターゲット読者であることには変わりません。ここはぶれないようにしていただきたいと思います。

第3章

3-1-3　執筆の難易度

週報の執筆難易度はそれほど高くありません。上司は部下の週報を読んで組織の業務活動を把握する義務があるので、最後まで読んでもらうための難易度も高くありません。よほどひどいものでない限り、まずは最後まで読んでもらえます。

執筆意図が成果のアピールであったり、トラブルに関する支援要請だったりするので、相手を説得する意図が含まれる文書と比べると記載内容に納得してもらうための難易度も高くありません。

このように週報を直属の上司に読んでもらうと考えると、比較的やさしい部類の文書になります。しかし、そもそも読む義務がない同僚などに読んでもらいたいと考え出すと難易度が急に高くなります。このような読者の興味を引こうと考えると、文書の量が増えて、上司にとって読みにくい文書になってしまいます。CCの宛先はおまけだと考えて、あえて特別な配慮はしないと割り切ることが必要です。

3-1-4　最適な文書の分量

部長級以上にはA4用紙2枚

ターゲット読者である直属の上司が、「どの程度忙しい人物で」、「どのくらいの数の週報が集まる人物であるか」の２点で、文書の分量を決定すべきです。一般的に言えば、管理職は時間がないので、特に部長級以上であれば、読んでもらう週報の分量は、多くても A4 用紙で２枚以内に抑える必要があります。とは言うものの、組織の規模にもよりますが、たとえば部長が事業部長に出す週報を２枚以内に抑えることはなかなか大変です。

仮に担当者が、A4 用紙で半ページ程度の週報を課長に提出したとします。課員が 10 名いると、合計で５ページ程度の情報が課長に集まります。さらに同じ部に課が４つあったとすると、単純に考えて部長には 20 ページ以上の情報が集まることになります。これを２ページ以内に圧縮することになるので、まずは課長の段階で圧縮が入り、部長はさらに話題を絞り込むことになります。これが週報の大きな特徴です。

上司が書く週報を読む

執筆者は、次の執筆者でもあるターゲット読者（上司）が書きやすい分量で書く必要があり、上司がどのようなスタイルで週報を出しているか、普段からよく見ていなければなりません。特に重要なことは、ひとつの話題にどのくらいの文字数を使っているかという点です。

たとえば、１つの話題を「40 文字×５行程度」で記載する習慣のある上司がターゲット読者であるとします。その場合、上司よりも少し多い「40 文字×８行程度」の文字数で記載しておくと、上司には多少詳しいことも伝えた上で、ほどよく要約してもらった要点が上位の管理職に伝わることになります。

その話題をたとえば「40 文字×20 行」の分量で書いてしまうと、より詳細が伝わる可能性はあるものの、受け取った上司は大幅に要約しなければならず、かなり苦労をすることになります。逆に「40 文字×３行」にまで圧縮してしまうと、上司としては情報不足で、別に補足説明が必要になってしまいます。

いずれの場合でもこのような手間がかかると、忙しいときは後回しにされて、そもそもその話題が上司の週報に掲載されないかもしれません。

3-1-5　上手に書くためのコツ

ここでは、私がおすすめする基本的な週報の書き方をご紹介します。まずは個々の話題について「週報らしい簡潔な説明をどうやって書くのか」、そして部下がいる人の場合は「大量の話題が集まったときに、それらをどう並べて編集するのか」の２点について説明します。

（Ｉ）　個々の話題の書き方について

それぞれの話題について、書き方の定番スタイルがあります。これまで説明してきたように、読んでくれた読者がそれを素材としてまた執筆することを考えると、まずは、読者が素材として使いやすいように話題を提供してあげることが大原則になります。

コピペの是非は別として、上司が自分の週報の話題をそのままコピーして使ってくれるようになると、執筆者としては大成功と言えます。自分の書いた話題が７割程度に要約されて上司の週報に掲載されることが目標です。

この目標を達成するためにまず大事なことは、上司が素材としてコピーしやすくなるよう、できるだけシンプルに書くことです。週報システムなどが導入されている会社では別かもしれませんが、限られた時間内に週報の取りまとめ作業を行わなければなりません。上位者になればなるほど図表などを駆使している余裕はほとんどないのです。

下位の執筆者が分かりやすくしたいと思って図表を添付しても、上位者はほとんどそれを使うことができないのです。私は週報の話題を以下の３ステップで書くようにしています。タイトルを除いて、それぞれ一文で書ければ、最少で３つの文章で週報のひとつの話題が書けることになります。

（1）経緯・背景・目的
　週報の冒頭の一文で、今回のニュースに至る前提を表現する。過去に取り上げた話題であれば「既報のように…」から書き出す。

新規の話題であれば、その経緯を「これまで…ていた。」のように表現する場合が多い。

（2）今回のニュース

上司に伝えたいニュースが何であるかを簡潔に表現する。できれば一文で、難しければ2つの文章で表現する。文末に「…を初めて確認した。」「…を初めて実用化につなげた。」「…が特徴である。」「…が決定した。」などの表現を使う場合が多い。タイトル（表題）は、できるだけこのニュースの文章から抜き出して分かりやすく表現したい。

（3）今後の方針、進め方

この話題の担当者として、今後の方針を一文で示す。「今後は…してゆく。」「今後は…と考えている。」などの表現を使う場合が多い。

さらに、この週報の3ステップを使った文例を以下に示します。**文例1〜4**はそれぞれ、研究所、事業会社の技術部、技術スタッフ部門の週報をイメージして書いています。最も圧縮して書くと、ここまでコンパクトに書けるモデルとして参考にしてください。文例中の（1）、（2）、（3）と下線部は、それぞれ上記の3ステップに対応することを示しています。

【文例1】研究所で新しい現象を発見した場合（良い報告、新規）　**実例（再）**

話題．リチウムジルコネートと二酸化炭素の可逆的な反応を発見した。

これまで比較的安定な化合物として知られていたリチウムジルコネートは、高温タイプの燃料電池などで耐久性を向上させるための添加剤として活用が検討されてきた。（1）今回、溶融した炭酸塩が共存するという特（2）

殊な環境で、リチウムジルコネートが二酸化炭素と可逆的な反応を起こすことを当社がはじめて確認。反応の速度も速く、一定の反復性も確認[(3)]されたことから、今後の研究によっては高温環境下での新たな二酸化炭素の吸収材になりうるものと考えた。

【文例 2】事業会社の技術部が新サービスを完成させた場合（良い報告、既知） **実例(再)**

話題．新開発の糖尿病の重症化予防サービスを○○健康保険組合で正式導入いただく。

既報のように社内で新たに開発を進めていた糖尿病の重症化予防サー[(1)]ビスのトライアルが終了し、○○名のハイリスク者（注 1）を発見して継続受診に誘導することができた。

今回、○○健康保険組合から長期的な医療給付の削減につながる施策[(2)]であるとこの結果を高くご評価いただき、他健保に先駆けてデータヘルスの施策として正式導入いただくことが内定した。健保加入者の健康増進と健保の医療給付の削減に貢献する本格サービスを目指して、提供メ[(3)]ニューにさらに磨きをかけてゆく。

注 1：病気レベルの検診結果が出ながら医療機関での診療を受けていない者

【文例 3】事業会社の技術部で製品に不具合が発生した場合（悪い報告、新規） **創作**

話題．(株)○○様向け○○○○システムで○○が出来ない不具合が発生した。

2015 年に(株)○○様に納入してこれまで稼働してきた○○○○シス[(1)]

テムで、7月1日午前10時に○○が出来ない不具合が発生したとの連絡が当社保守センターに入った。同システムの設置されている○○に保守員が急行したところ、午前9時15分頃から動作が不安定になって9時30分に○○を動作させるシステムがダウンしていた模様。システム再起動を実施して同日午前11時30分に正常な動作を確認した。現時点で原因は○○○○であるとほぼ特定しており、類似システムのリスト化も完了して他の顧客も含めた一斉点検を開始している。明日午後には一斉点検も終了する予定。お客様への謝罪は部長レベルですでに実施済。

【文例4】事業会社全体での展示会を開催した場合　創作
（良い報告、既知）

話題. ○○グループ環境技術展を○○事業所で開催、○○技術に注目が集まった

今年度で10回目となる○○グループ環境技術展を11月1日に○○事業所で開催、来場者数は速報値で2600名（社外1100名、社内1500名）で昨年に比べ300名の増加であった。今年の特徴は、近年のビッグデータ活用に対する関心に応えて各展示コーナーで○○技術の紹介を新たに実施した点。設備投資に対する回収期間の質問などが多くあり、導入を前提にした具体的な議論が出来たと考えている。今後、社外の来場者のアンケートを集計して有望な顧客への戸別訪問を営業部門と連携して実施したいと考えている。

この(1)は見方によってはニュースとも言えますが、ここでは今年から新たに○○技術の紹介を始めたことをニュースと考えて書いています。

（Ⅱ）　話題の並べ方について

複数の話題で構成される週報を執筆する立場の人は、集まった話題をどのような考え方で並べ直すか、という構成の問題があります。会社に

著者が選択しているスタイル

表 3-2　週報での話題の並べ方

話題の並べ方	長所	短所
重要度の順	上位者にその週のトップニュースが伝わりやすい	上位者と重要度の認識が一致しないと話題が欠落する
組織順	下位組織のアクティビティが分かる。担当部署も分かりやすい	何がその週のトップニュースなのか分かりにくい
組織目標順	期初に設定された重要課題への取り組み状況が分かりやすい	何がその週のトップニュースなのか分かりにくい

第3章

よっては決められた方針があるかもしれませんが、私が所属してきた会社ではそれぞれの執筆者に任されていたため、執筆者によってさまざまなスタイルがありました。

代表的な並べ方

代表的なスタイルを**表 3-2** にまとめました。それぞれ長所と短所があり、その組織の役割・環境に応じて長所と短所を理解した上で選択すべきだと考えています。

ここで話題の並べ方とは、週報の話題をどの順番に並べるかというスタイルです。「話題をその週の出来事として重要な順で並べる」、「話題を担当する組織の組織表上の順で並べる」、「上位者が期初に設定した組織目標のジャンルごとに並べる」、といった違いがあります。

重要度順に並べるとき

ちなみに私は、これまでの実務で重要度の順に並べるスタイルを使い続けてきました。このスタイルには、表 3-2 に示したように、私と上位者の重要度の認識が一致しないと、上位者の週報に載るべき話題が欠落してしまう短所があります。そこで、それを補う工夫として、週報の本文の後ろに、付録として「詳細説明」を添付するようにしています。

この詳細説明は、部下から届いた話題をカットせずに組織順に並べたもので、時間のあるときには上位者にこの詳細報告まで参照してもらいたい、業務活動の記録として蓄積したい、という趣旨で添付しているものです。時折、この詳細説明の話題が私の上位者の週報に掲載されることがあるため、狙い通りに機能しているようです。ひとつのコツとしてご参考ください。

週報の執筆のポイント

- 週報は、小さな文書ではあるものの、最も基本的で重要な文書である
- 週報の執筆意図は、上司の週報に掲載（コピペ）してもらい、最終的に幹部に自分の書いた話題を届けること
- 「経緯・背景・目的」「今回のニュース」「今後の方針」の３ステップでまとめる
- 自分の書いた週報を上司がどのように修正して使っているかを可能な限り追跡して学習する

3-2　議事録・出張報告書を執筆するコツ

議事録はレベル差が大きい

よく新入社員が文書作成の練習として、「会議に出たら書きなさい」と言われるものが「議事録」です。執筆する機会も多く、会議で使われる用語に慣れればそれほど苦労せずに書けることもあって、若手社員の練習題材によく使われます。

一方で私は、中堅社員が書いたとても読みにくい議事録を読まされたことも数多くありました。よく書けているものから、とんでもないものまで、出来栄えのレベル差が大きいことも議事録の特徴です。

出張報告書は書きにくい

出張報告書は、その出張が会議を含む場合が多いため、実態として議事録に近い文書と言えます。しかし、海外出張などでは視察、討議、交渉など複数のミッションがあり、旅程なども含めると分量が増えてしまいがちです。どこに力点を置いて書くのかが決めにくく、書きにくい文書のひとつです。

3-2-1　執筆意図：幹部報告と関係者報告で２種類ある

報告か記録・証拠か

議事録・出張報告書は、執筆意図をどう考えるか悩ましい文書です。自身の上司への業務活動報告であると捉えれば、3-1 節で詳述した週報に近くなります。「議事録」の場合、会議に出席していない幹部に会議の結論を伝達するための文書と捉えるか、会議に出席したメンバーに議事を確認し、内容を証拠として記録するための文書と捉えるかによって、執筆意図にかなりの幅が出てきます。「出張報告書」では、前述のように複数のミッションがひとつの報告書にまとめられる場合が多いので、ますます複雑になります。

執筆意図を頭の中で整理せずに書いてしまうと、帯に短し襷に長しで、どちらの執筆意図にも合致しない中途半端な文書が出来上がりがちです。特に幹部に向けた報告なのか、関係者の記録・証拠なのか、主な執筆意図をどちらにするか明確にすべきです。

明確にできなければ２つの文書を書く

どうしても明確に出来なければ、執筆意図別に２つの文書に分けて書くべきだと思います。文書の分量が多くなる記録・証拠向けの文書を初めに作っておけば、幹部向けの報告は比較的簡単に書けると思います。後戻り作業で苦労するよりも、はじめから目的に応じて違う文書のつもりで複数作ったほうが結果的に楽になることもあります。

3-2-2　ターゲット読者

記録・証拠向けは読者の特定が難しい

「議事録」の執筆意図として幹部報告に軸足を置いて書くと決めた場合は、その幹部とその周辺の人物がターゲット読者です。この場合は読者がほぼ特定できるケースですので、読者分析が可能です。

一方で、会議関係者の記録・証拠に軸足を置いて書くと決めた場合は、会議の出席者およびその周辺の人とがターゲット読者です。この場合は、会議の種類にもよりますが、読者を特定することがやや難しくなります。よく発言をした出席者、結論に近い意見を述べた出席者、結論に反対していた出席者など、議事録の執筆者として誰に最も気を配る必要があるかを推測して判断しなければなりません。最も気を配るべきと考えた人物をターゲット読者として読者分析することになります。

2種類に分けて書くか否か

「出張報告書」の場合も基本は議事録と同じですが、海外出張などで学会・展示会・セミナーなどに参加した場合は、情報共有のために職場でその報告書が回覧されることがあります。こうなると読者は「幹部＋特定関係者＋不特定の職場の人」という非常にややこしいことになってしまいます。執筆者としてどこに力点を置くのかとても悩ましいケースです。

幹部用に書いた出張報告書では職場の人には短すぎて物足りないでしょうし、職場の人に好まれるように書くと幹部には冗長な印象を与えがちです。幹部用を流用して職場の人に物足りなさを我慢してもらうか、手間を惜しまず２種類に分けて執筆するか、執筆者としての決断が必要になります。

3-2-3　執筆の難易度

難易度は高くない

「議事録」、「出張報告書」ともに執筆難易度はそれほど高くありません。幹部報告と考えた場合は週報と同様に、上司は部下の報告を読んで組織の業務活動を把握する義務があるので、最後まで読んでもらうための難易度も高くありません。執筆意図が会議の内容、成果のアピール、議事内容の確認と記録であるので、相手を説得する意図はなく、記載内容に納得してもらうための難易度も高くありません。

海外出張報告書には注意が必要

ただし、海外出張報告書など職場内を回覧することを想定した文書となると、読む義務のない不特定の読者に読んでもらうことになるので、最後まで読んでもらう難易度が高くなります。私はこのような場合、珍しい現地の写真などを文書の冒頭部分にちりばめて職場のみなさんの興味を引こうと作戦を立てます。しかし、こうすると上司には冗長な文書と受け取られかねず、場合によると出張そのものが遊びに行ってきたと疑われかねないリスクが出てきます。

基本的な執筆難易度は高くないのですが、読者の範囲をどう考えるかで思わぬ落とし穴も隠れているので注意が必要です。

3-2-4　最適な文書の分量

望ましくはA4用紙1枚

執筆意図として幹部報告に軸足を置いて書くと決めて、その幹部とその周辺の人物をターゲット読者とした場合には、できればA4用紙で2枚以内に、望ましくは1枚にまとめられるとすっきりと言いたいことが伝わると思います。週報と同程度の分量です。

長くなるときの工夫

どうしても長くなってしまう場合は、伝えたいことが整理できていない、執筆意図が複数存在していることが多いので、もう一度基本設計に立ち返って目的をはっきりさせると良いと思います。

それでも長くなってしまうときは、本編の後に、明確に区別されたアペンディクスを付ける手もあります。職場内の回覧用としては、関係者が仕事の合間に捻出できるであろう20分程度の時間で読める分量（約10ページ）が、読者に読んでもらえる最大値と思います。

3-2-5　上手に書くためのコツ

議事録、出張報告はできる限り実例に近いサンプルで、具体的な書き方を紹介します。これまで述べたように、これらの文書は執筆意図が大きく2つ考えられるので、それに応じて書き分けることが重要です。

（Ⅰ）　議事録について

幹部向けの議事録

文例5に、執筆意図として幹部報告を想定したサンプルを示しました。議事録として開催日時、場所、出席者、議題を示した上で、この幹部報告用では会議の結論を先に示しています。大概の幹部は議論の中身よりも、まずは結論を知りたがるからです。そのため、まず結論を示した上で、どのような議論が繰り広げられたのか、結論に対する賛成意見、反対意見などをバランスよく紹介すべきと考えます。

また、議事録の執筆者が中堅社員以上であるならば、単に会議の記録を客観的に記述するだけではなく、執筆者としての主観的な意見を「所感」として積極的に表明すべきだと思っています。これは、トンチンカンなことを表明して幹部に無知をさらけ出すリスクもあります。しかし、議事録の執筆者は会議の主催者であると認識されるので、主催者としてきちんと問題意識を持って考えながら会議を主催していることを示すためのものです。

幹部がこの所感を読んで、それなりに納得できるものであればこの会議の主催者は信用できると判断するでしょうし、その結果として会議の内容に共感してもらいやすくなるのです。

出席者確認用・職場回覧用議事録

文例6には、執筆意図として出席者配布・職場回覧想定したサンプルを示しました。議事録として開催日時、場所、出席者、議題を示した上で、出席者が何を発言しているかを「議論」の欄でできるだけ詳しく記述していることが特徴です。

この場合、出席者が自らの発言を確認することと、その発言を記録することが大きな目的になります。そのため、幹部報告用と異なって議論の内容記述が議事録の中心を占め、自然と文書の分量も増えます。幹部報告用で推奨した執筆者の所感欄はこの議事録では、必須ではありません。むしろこのような主観的な所感を自部門の上司ではなく、他部門に示してしまうとトラブルの原因になることがあるので、書かないほうが無難だと思います。

さてここまで説明した上で、ベテランの方はすでにお気づきかと思いますが、実は議事録は、会議を開く前に書けます。事前に議事録が書けるくらいに準備するべきであると言い換えることもできます。

前述のように、きちんとした所感が書けるほどの問題意識を持って会議を開催する主催者であれば、どのような議論を展開してどのような結論に持ってゆきたいかという明確な方針があるはずです。この方針があれば、日時、場所、出席者などは始めから分かっているので、議事録ではなくて「会議台本」が**文例**5もしくは**文例**6のスタイルであらかじめ作れるはずです。この台本に、主催者として想定する結論と予想される各種の意見などを書き込んでおけば、よほど大荒れの会議にならない限り、7割方の記載は議事録と違わないものになるはずです。

ぜひ事前に会議運営の台本を作って、それを会議終了後に議事録に変更する方法を試してみてください。上司や同僚など周囲の人から「えっ！もう議事録が書けたの？早いね」と言ってもらえると思います。

第3章

【文例5】幹部向けの議事録のサンプル　創作

幹部向けに報告すべき要点を絞って、A4用紙で1ページにまとめた例。

2017-○-○

本社○○部長殿

本社○○部○○担当

○○○検討会議事メモ

■日時：　2017年○月○日（水）　10:00-11:15
■場所：　本社事務所○○○○会議室
■出席者：　○○事業部　○○技術部　○○部長、○○参事、○○主務
○○事業部　○○技術部　○○部長、○○課長
○○事業部　○○技術部　○○部長、○○主幹、○○主査
本社○○部　○○グループ長、○○参事、中川参事（記）
■議題：　○○○関連技術の開発加速方針について
■論点：　事業部間で協調できる開発スキームの具体化
■結論：　先行する○○事業部の開発案件を全社的な○○○関連技術のプラットフォームと位置づけ、ここに本社開発費を投入することで開発費負担の均整化を図って、○○事業部、○○事業部の製品への技術展開を加速する。これからの開発方針を決めるステアリング会議の設置が宿題となった。
■議論：
- ✓ 事業部共同開発と言っても、もともと開発費を投入していた○○事業部と、後から参加した事業部との間で不公平になるのではないか。（○○事業部○○参事）
- ✓ 先行する我々○○事業部のメリットは何なのか。（○○事業部○○課長）
- ✓ 全社での負担総額が圧縮できるメリットを重視してほしい。過去に負担した開発費はこれから発生する開発費の負担割合で調整したい。（本社○○グループ長）
- ✓ これまで権利化した特許の扱いはどうなる。勝手に他社にライセンスされては困る。（○○事業部○○部長）
- ✓ これまで開発された技術パッケージに外国原産技術は含まれているのか。（○○事業部○○課長）
- ✓ そもそも今後の開発方針は誰が決定するのか。事業部によって優先順位が違ってくる可能性がある。（○○事業部○○課長）
- ✓ 本社の主導で各事業部の技術責任者が集まるステアリング会議を設置したい。（本社○○グループ長）

幹部向け議事録でぜひ記載したい項目

■次回予定：
2017年○月○日（水）　15：00-16：30　　本社事務所○○○○会議室
■執筆者所感：
全社的な開発効率向上の視点で、複数の事業部にまたがって○○○関連技術を共同開発することに出席者全員が意義を感じており前向きであった。一方で、過去分を含めた費用負担の均整化にはある意味で当然の議論があり、これらの問題を丁寧に整理しつつ今後の開発方針を議論するステアリング会議の設置を急ぎたいと考えている。まずは率直に懸念点を議論して現実的なスキームを作ることができた。（中川）

以上
事務局担当：本社○○部○○担当　中川

【文例 6】出席者確認用・職場回覧用議事録のサンプル　創作

会議の出席者、関係職場での回覧を想定したA4用紙で2～3ページとなる議事録の例。

2017-○-○

出席者各位

本社○○部

○○○検討会議事メモ

■日時：　2017 年○月○日（水）10：00-11：15
■場所：　本社事務所○○○○会議室
■出席者：　○○事業部　○○技術部　○○部長、○○参事、○○主務
　　○○事業部　○○技術部　○○部長、○○課長
　　○○事業部　○○技術部　○○部長、○○主幹、○○主査
　　本社○○部　○○グループ長、○○参事、○○参事
■議題：　○○○関連技術の開発加速方針について
■論点：　事業部間で協調できる開発スキームの具体化
■議論：

発言を詳しく記録しています

＜○○事業部からの意見＞
- ✓ 事業部共同開発と言っても、もともと開発費を投入していた我が事業部と、後から参加する事業部との間で不公平感は発生しないのか。(○○参事)
- ✓ 我々の事業部のメリットは何なのか。将来の売上げ見合いで開発費を返してもらえるようなスキームになるのか。(○○課長)
- ✓ 他の事業部にこれまでの開発内容を開示するための説明資料は誰が作るのか。(○○主務)
- ✓ これまでに我々が権利化した関連特許も各事業部に無償で開放するのか。(○○参事)

＜○○事業部からの意見＞
- ✓ これまでの開発成果は完全に開示してもらえるのか。(○○参事)
- ✓ 各事業部でそれぞれ権利化した特許の扱いは今後どうなるのか。事業部判断で勝手に他社にライセンスされては困る。(○○部長)
- ✓ 開発された技術パッケージに外国原産技術は含まれているのか。(○○課長)
- ✓ 他社から受けた技術ライセンスも含まれているのか。(○○参事)
- ✓

＜○○事業部からの意見＞
- ✓ 開発の方向性は誰が決めるのか。細かい部分では事業部によって優先順位が違ってくる可能性がある。(○○課長)
- ✓ 考えたくはないが、万一開発を中止する場合は誰が判断するのか。(○○部長)

＜中略＞

＜本社からの意見＞
- ✓ 全社での負担総額が圧縮できるメリットを重視してほしい。過去に負担した開発費はこれから発生する開発費の負担割合で調整したい。各事業部の責任者を集めたステアリング会議体を本社に設置することで戦略的な意思決定ができるようにしたい。(本社○○グループ長)

■結論：
先行する○○事業部の開発案件を全社的な○○○関連技術のプラットフォームとして、本社開発費を追加投入することで○○事業部、○○事業部の製品への適用を具体化させる。今後の事業部の開発費の負担割合については過去に投入された開発費を考慮して協議して決定する。本社開発費が投入されることと各事業部の重複開発が無くなることで、各事業部の開発費負担が軽くなることについては全事業部がメリットとして理解している。開発ステアリング会議の設置が次回の宿題。
■次回予定
　2017 年○月○日（水）15：00-16：30　　本社事務所○○○○会議室
　議題：開発ステアリング体制の決定

以上　事務局担当：本社○○部　○○、○○

（Ⅱ）　出張報告書について

出張報告書も、執筆前に執筆意図とターゲット読者の整理がきちんとされていれば、議事録のように報告すべきことはほぼ決まっています。しかしあえて出張報告書と題するからには、会議以外の活動も併せて報告しなければなりません。

出張報告書の対象になりそうな典型的な出張は、大勢が集まるカンファレンス・学会などに出席しつつ、顧客・取引先などとの個別会議を併せて開催し、さらに自社の支店・現地法人などを巡回するものであると考えられます。とは言え、これらをすべて網羅して報告するのでは、幹部報告としては話題の数も情報量も多すぎます。ここが出張報告書の悩みどころなのです。

そこで出張報告書も、執筆意図の違う幹部報告用と職場回覧用を分けて書くことをおすすめします。

幹部向け出張報告書

文例7には幹部向けの出張報告書のサンプルを示しました。情報量を絞るために、出張の中でどの部分を報告してどの部分を報告しないかという割り切りをしています。

このサンプルでは、社外カンファレンスへの出席とその後の個別会議を取り上げて、以降の自社現地法人への巡回を省いています。自社現地法人への巡回で得られる情報は、これらに比べると重要性は低く、必要によって通常の週報で報告すれば良いという判断をした例です。

サンプルに示している「得られた情報」の項目には、報告する２つの活動について、特に重要な人物との接触に関する情報、公の場での重要人物の目新しい発言、個別会議での結論などを要約して記載することを想定しています。

「出張者所感」は、議事録での所感と同様に、出張者として主観的な意見を積極的に表明すべきとの考えに基づいて設けている項目です。出張前の計画に対して、実際はどのような差異があったのかなど出張者自身が主体的に考えていることを幹部にアピールすることができます。

また「所属部門長所感」は、特に海外出張で必要と考えている項目です。経費と時間を使って出張者を送り出した上司が出張を総括することで、部門の責任者としてきちんと意義を考えていることを上位者にアピールすることができます。

なお、幹部向けの出張報告書は、出張から戻ってできるだけ早く提出する必要があります。戻って3日も過ぎたら価値が半分以下になってしまいます。出張から戻って最初に出社する際に手渡すか、幹部がメールを見る可能性が高い朝の時間帯に送信しておくのがベストです。とにかく早く提出しましょう。

第3章

職場回覧用出張報告書

文例8では職場回覧用の出張報告書のサンプルを示しました。執筆意図とターゲット読者が変わると、どのくらい文書スタイルが変わるかを紹介します。読者が幹部ではない職場回覧用は文書の分量が10ページくらいまでは読んでもらえると考えており、また所感の表明も必要ではありません。その代わりに読者が読み続けたくなるように現地の写真を多用するのが良いでしょう。

出張報告書も議事録と同様に出発前にかなりの部分を書くことができます。もともと旅程表を作り、打ち合わせの台本を作るはずなので、あらかじめ書式を合わせておくだけで出張報告書を執筆する作業が大幅に短縮できます。素早く書くために、参考にしていただければと思います。

【文例 7】幹部向け出張報告書のサンプル　創作

本社スタッフである課長級の技術者が米国に出張して、業務上の関連部門である○○事業部の責任者へ概要報告をすると想定した海外出張報告書のサンプル。忙しい事業部長にとにかく目を通してもらうために、A4用紙で１枚にまとめられるよう記載する話題を絞っている。出張から帰着した翌日には提出したい。

帰着の翌日

2003-○-○

○○事業部長殿

本社○○部

海外出張報告書

上位者に報告すべきことだけを選び出して極力コンパクトにまとめた例です。

■報　告　者：　本社○○部○○グループ　参事　○○○○
■出　張　先：　米国ワシントン D.C. ほか
■出張期間：　2003 年○月○日から○月○日まで○日間
■目的・用件：　①米国○○○○省主催の○○○○　Conference on Carbon Sequestration で講演
　　　　　　　　②米国○○○社と共同研究のスケジュール調整　ほか
■得られた情報：
(1) カンファレンス概要
米国○○○○省傘下の研究所群は想像以上に二酸化炭素の回収・再利用に関わる研究を具体的に推進している。特に○○研究所はコールベッドメタンと呼ばれる地下の炭層に吸着されたメタンガスを、二酸化炭素を注入することで置換して回収する技術開発を具体的に進めている。米国の発電事業は想像以上に石炭火力に依存しており、その発電所はコールベッドメタンが埋蔵されている炭層の直上に位置している。このような事情から今後はこのコールベッドメタンの回収と石炭火力からの二酸化炭素の回収がパッケージで検討される可能性が高い。
(2) 弊職講演
当社が開発中の新型の二酸化炭素の吸収材について実験データを中心に説明したところ、○○特性と今後の実験規模の予定についての質問があった。講演後には国立研究所を中心に多くの研究者から名刺交換を求められ、今後の情報交換を約束した。この中の幾つかの研究所からは共同研究を提案される可能性が高いと理解している。
(3) 米国○○○社と共同研究のスケジュール調整
すでに合意済の同社との共同研究に関して、同社○○事業所を訪問して Dr. ○○○○と具体的な進め方を協議。別紙のロードマップで合意した。まずは熱収支の把握と○○特性の確認が優先事項であることで一致している。

読者は技術者とは限らないので“CO_2”ではなく“二酸化炭素”と記載しています。

きちんと出張の意義を考えていることをアピールする。

■出張者所感：
ニュース報道などの影響で、米国は温暖化対策に消極的であるとの印象が強かったが、米国の国産資源である石炭を戦略的に活用するという動機が根底にあることが分かった。石炭を使い続けるための研究開発に多額の国費が投入されて多くの研究者が関わっている。再生可能エネルギーに軸足を置く欧州と違いが鮮明であり、このような違いを理解して今後の研究開発を進めるべきである。(○○)

■所属部門長所感：
現地に行って現地の事情を知る研究者と議論することで、その現場での研究事情を理解することができた。今回の出張で欧州とは異なる米国の事情を実感として理解できたこと、多くの研究者と面識ができたことは大きな収穫である。(○○部　部長　○○)
以上

部門の責任者としてこの出張をどう総括するのか意見を表明している。

【文例 8】職場回覧用出張報告書の書き出し部分のサンプル　創作

文例 7 で報告した出張を、職場回覧で関連事業部の多くの社員に周知させると想定した報告書の書き出し部分のサンプル。この想定では**文例** 7 に比べてより多くの情報を伝えるべきと考えて A4 用紙で 10 ページ程度まで記述するつもりで書き出している。

職場回覧　　2003-○-○

○○事業部各位

本社○○部

海外出張報告書

■報　告　者：　本社○○部○○グループ　参事　○○○○
■出　張　先：　米国ワシントン D.C.
　　バージニア州アレクサンドリア
　　ペンシルベニア州アレンタウン
■出張期間：　2003 年○月○日から○月○日まで○日間
■目的・用件：　1. 米国○○○○省主催の○○○○　Conference on Carbon Sequestration で講演
　　2. 米国○○社との共同研究のスケジュール調整
　　3. 現地法人○○○社、○○○社訪問
■旅程：　○月○日　ワシントン D.C. 着
　　○月○日　バージニア州アレクサンドリアへ移動
　　○月○日　ペンシルバニア州アレンタウンへ移動
　　○月○日　ニューヨークから帰国

幹部向け報告書との書き方の違いに注目ください。こちらでは、ゆったりと紙面を使って書いています。

■詳細情報
1. ○○○○　Conference on Carbon Sequestration について
1-1　会議全体について
このカンファレンスは CO_2 の回収と貯蔵に関する米国○○○○省主催の会議で同省傘下の国立研究所群、米国民間企業などが参加する米国視点での温暖化対策に関する国際会議である。今回、当社は○○○研究所の推薦で講演時間をいただき参加することになった。主要な研究所は○○○、○○○、○○○が、主要な民間企業としては○○○、○○○、○○○が参加していた。報告者の知る限り他の日本企業は出席しておらず発表も当社のみであった。参加者総数は○○○名で、米国からの参加者が約○○％と圧倒的多数を占めていた。

講演会場の様子

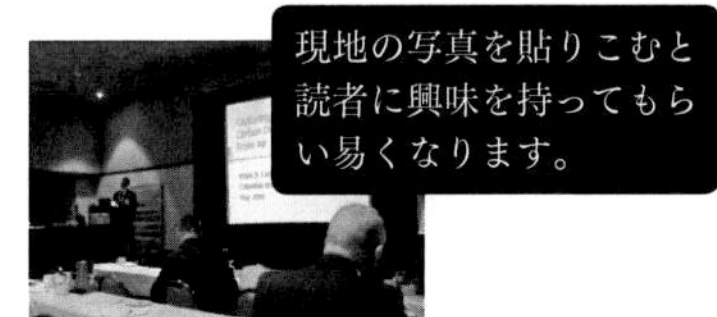
Dr. ○○のキーノートスピーチ

現地の写真を貼りこむと読者に興味を持ってもらい易くなります。

1-2　当社発表について
当社は 30 分の時間枠をいただいて当社が開発中の新型の CO_2 の吸収材について熱重量分析の実験データを中心に説明、特に反応の CO_2 濃度依存性を詳しく紹介した。これに対して○○研究所の Dr. ○○から○○特性と今後の実験規模の予定についての質問があった。ラボスケールの実験からベンチスケール、プラントスケールの実験に踏み出す計画があるかどうかに興味があったものと思われる。講演後にはこれらのメンバーと名刺交換を行い今後の情報交換を約束した。この中の○○研究所の Dr. ○○などからは共同研究の可能性を訊ねられており、今後申し入れがある可能性が高いと理解している。

1

第3章

1-3　他の発表について

全体的な印象として米国のエネルギー源の〇〇％以上を占める石炭をいかに使い続けるかという点にポイントがあったと理解している。これは米国の「国家エネルギー戦略」とも合致するものでエネルギー自給戦略の一つである。この技術的な裏付けとして、石炭を燃焼させるシステムからの CO_2 回収のプロジェクトが産・学・官によって進められており、CO_2 分離は〇〇〇もしくは酸化カルシウムで行い、固定化は地中注入もしくは海洋投棄で進めるというスキームが実行可能な選択肢として提案されていた。米国の場合、発電施設が内陸に立地している場合が多いとのことで、輸送距離の関係で地層中での CO_2 隔離を目指そうとするプランが目立っていた。そのため、もともと Enhanced Oil Recovery（EOR）として地中への CO_2 注入技術を有している〇〇〇、〇〇〇などの石油産業に関わる企業の参画が多い。直感的な印象として欧州の温暖化対策は「環境を守るため」という動機が感じられるのに対して、米国の場合は「化石燃料を使い続けるため」という現実的な動機が強く感じられた。以下に重要と思えた講演の詳細を示す。

1-3-1　Plenary Session

講演者　Dr. 〇〇〇〇、〇〇〇 Technology Laboratory

米国の CO_2 排出量の約 85 ％がエネルギー生成に伴うもので、このままでは 2020 年までに 1999 年の〇〇％増になってしまうと警告。また米国の電力消費量は約〇倍まで増加しつつ、それを発電する燃料の 60 ％が石炭になる見込 … ら CO_2 隔離技術は不可欠なものであると位置づけ … ル となっている CO_2 隔離コストを〇〇ドルまで …

講演者　Mr. 〇〇〇〇、〇〇〇　Inc.

これまでの統計によれば石炭消費、電力消費、 … 与えるインパクトは非常に大きいと主張。現時点 … あるが、米国が保有する燃料資源の観点でみると石炭は 85 ％、天然ガス 10 ％、石油 5 ％となるとのこと。この数字を見ながら CO_2 排出削減のプレッシャーの中で石炭をどのように使うかが今後の大きな問題であると述べていた。

> 幹部向けの**文例 7** では、他社の個別の発表内容は割愛しましたが、職場回覧用のこの**文例 8** では詳しく記述するようにしています。読者の期待がある場合は、このサンプルよりもさらに詳しく紹介しても良いと思います。

1-3-2　Concurrent Session

題目：〇〇〇〇〇〇〇〇〇〇〇〇〇〇、講演番号：〇-〇〇

講演者：Dr. 〇〇〇〇、〇〇〇 Plant Laboratory

多国籍プロジェクト〇〇〇〇〇に関する成果報告。これまでの研究の結果、CO_2 の隔離は安全で計測可能で実証済なレベルに達しており、2010 年までに大規模な実用化を目指すとしている。現実的な CO_2 分離方法として〇〇〇法と〇〇〇法が有望であると述べていた。

題目：〇〇〇〇〇〇〇〇〇〇〇〇〇〇、講演番号：〇-〇〇

講演者：Mr. 〇〇〇〇、〇〇〇　Corporation

新規の CO_2 吸着剤に関する成果報告。特殊なスラリーを固めることで非常に比表面積が大きい材料を生成して CO_2 を吸着させる。電気伝導性を付与させており、低電圧で電流を流せて吸着した CO_2 を脱着することが出来るとしていた。但し、まだ吸収速度は不十分で、さらに〇倍程度まで吸収速度を速くする必要があるとのこと。

2. 米国〇〇社との共同研究のスケジュール調整

2-1　米国〇〇社との共同研究の概要

当社のプレスリリースをきっかけに〇〇〇を得意とする〇〇社に興味を持っていただき、当社の吸収材を同社の〇〇製造プロセスに適用することを目的として昨年〇月に共同研究の覚書を調印済。吸収速度が同社のプロセスに合致するか、どのような熱挙動を示すかが当面の検証課題となっている。まずは今年度中にこのような研究開発の入口論を整理することで合意済み。

＜以下略＞

2

議事録・出張報告書の執筆のポイント

- 幹部に向けた報告なのか、関係者の記録・証拠・回覧なのか、主な執筆意図を明確にすること
- 幹部向けとする場合はA4用紙で2枚以内。職場回覧向けは10枚程度まで
- 幹部向けでは執筆者の主観的な意見を「所感」として積極的に表明する
- 議事録も出張報告も会議の前、出張に行く前に約7割は書くことができる

第3章

3-3　技術報告書・学術論文を執筆するコツ

社内の技術報告書は、技術者にとって業務の成果を他人に伝える基本的な文書です。この文書を作ることは、自分の業務メモ、または実験ノートに記録されている日々の思考や実験結果を、他人が読んでも分かる文書に変換する作業です。自分の手元のメモやノートは日付が書かれた時系列で記録されているので、この作業は時系列で書かれた情報を、執筆者としての考えの下に論理的に再構成する作業になります。この点では学術論文も基本的に同じです。

したがって第2章で述べたように、再構成の方針となる執筆意図がしっかりしていないと、第1章で示した「意味不明型」や「自己満足型」の技術報告書になってしまいます。幸いにこの技術報告書・学術論文については、その書き方を解説した良い書籍が多数あります[3-6]。そこで、文章の書き方、表現方法などテクニカルな部分は他書にゆずり、本書では「どのように書けばターゲット読者に最後まで読んでもらって結論に納得してもらえるか」、という点に絞って説明してゆきます。

なお本書では、学術論文は社内の技術報告書の延長線上にある文書、という認識で説明します。これは、民間企業での学術論文の執筆は、ま

ず社内の技術報告書を執筆して社内に周知をして、知的財産などの権利を確認した後で社外に公表されるのが原則と考えるからです。

3-3-1　執筆意図：委託元がいる場合といない場合で２種類ある

思いを込めて書く

そもそも社内の技術報告書は、なぜ書くのでしょうか。週報と同じく上司に書けと言われているからでしょうか。それとも社内の技術報告書を書かないと、社外で学会発表ができないルールになっているから仕方なく書くのでしょうか。

私はこれまで多くの社内の技術報告書を見てきましたが、少なくとも私のいた職場では、自発的に書きたいと思っていた人は少数派で、なんとなく無理やり書かされている人が多い雰囲気でした。このような無理やり書かされた意識の下で、技術報告書が上手に書けると私は思いません。無理やり書いていることは、読者にも伝わってしまいます。

社内であろうと社外であろうと、技術者が文書を書くからには、「これは凄いぞ」、「俺はこれをやりたい」、「自分の夢を実現するために他人を動かしたい」、という強い思いとこだわりを込めて書いて欲しいと思います。そのような強い思いが伝わってくる技術報告書は、職場回覧で届いても、一度手に取った読者を引き付けて離さないと思います。

技術報告書に２つの執筆意図がある

このような前提で技術報告書の執筆意図を考えると、表 2-1 で述べたように、「執筆者が関わって開発した技術の価値を認めてもらう」という執筆意図Ｂは、**表 3-3** に示す２つのケースに枝分かれをします。ここでは執筆者の置かれている状況として、その執筆内容に関して委託元・パートナーがすでに出現している場合とまだ出現していない場合があります。この状況で執筆意図が変わってくるため、「B-ア」と「B-イ」の２つのグループに分けてみました。

表 3-3　技術報告書に関する執筆意図 B の枝分かれ

枝分かれした執筆意図	執筆者の状況	報告の内容
B-ア	委託元・パートナーあり	**定例報告** 開発の委託元に開発成果・進捗を報告する。委託元は開発のコンセプトをすでに承知していて、四半期もしくは半期ごとに進捗報告として報告書を提出するために執筆する。
B-イ	委託元・パートナーなし	**新技術のアピール、委託元・パートナーの探索** 技術者・研究者が独自の技術、アイディア、製品コンセプトを立案して、委託元・パートナーを探すために執筆する。

委託元などの有無による違い

委託元などが出現している B-アでは、それらの意向を理解して実務的に執筆すべきであるのに対して、委託元などがまだ出現していない B-イは執筆者の個性を前面に出して思いが読者に伝染するように執筆すべきという違いがあります。これら 2 つのグループの書き分けのコツは 3-3-5 項で詳しく説明します。

学術論文に関する隠れた執筆意図

前述のように、企業に所属する技術者・研究者が執筆する学術論文は、社内の技術報告書の延長線上にある文書であると考えているので、学術論文の執筆意図もこの表 3-3 で説明できると思います。B-アと同様に国家プロジェクトの契約に基づいて成果を学会等で報告するという目的、B-イと同様に論文を読んでもらって社外でスポンサー、パートナーを見つけたいという目的があります。

なお、企業に所属する技術者・研究者が執筆する学術論文には、隠れた執筆意図もあると私は理解しています。この意図としては、技術者・研究者としての自分のレベルが世界的に見てどの程度の位置にあるかを知りたいという腕試しの目的であったり、将来的に学位を取得するための実績作りの目的であったり、いずれは大学に戻りたいというキャリアプランの目的など、さまざまな目的があると思います。

このような隠れた意図があることは決して悪いことではないと私は考えており、むしろ執筆者個人に直接関わる執筆意図があるほうが、執筆者としての文書に対する熱意が強くなって上手に書ける可能性が高くなると思います。査読者としての立場でも、このような執筆者は熱心に素早く修正してくれるのでありがたいとも言えます。

もし読者のみなさんの中で、企業の中での学術論文の執筆に複雑な気持ちを持っている方がおられたら、ぜひこの理屈を根拠に遠慮なく自信を持ってどしどし進めていただきたいと思います。

3-3-2　ターゲット読者

読者は技術者限定

技術報告書・学術論文は技術者に向けて書かれる専門的な文書なので、技術者でない読者はそもそも理解できません。記述を工夫して誰でも理解できるようにしてしまうと技術報告書ではなくなってしまいます。特に学術論文は、専門家であれば当然知っている前提・解説などを削ぎ落として極限までスリム化した文書なので、当該分野の専門家でなければ内容を完全に理解することは困難です。したがって、技術者でない人物も含まれる幹部報告にはそもそも向いていません。技術報告書・学術論文は技術者を技術論で納得させて味方にするための文書と考えて、ターゲット読者は技術者限定とするべきです。

そこで、表 3-3 の執筆意図に対応して考えられるターゲット読者を**表 3-4** に整理しました。「文書に記載される開発技術のオーナーが誰であるか、誰がその技術を使うつもりか」、などの点で変わりますが、基本的には技術部の部長、課長、その周辺の専門職がターゲット読者になる点では共通です。

表 3-4　技術報告書に関する代表的なターゲット読者

執筆意図	ターゲット読者
B–ア	開発の委託元の技術部長、課長など委託業務の内容が分かり、その成果評価を行う関係者が主なターゲット読者になる。開発テーマによっては、開発された技術が展開される工場の関係者もターゲット読者になる。
B–イ	当該の技術・アイディア・製品コンセプトに関係するすべての社内部門の技術者がターゲット読者になる。特に製品の開発方針を決める事業部の技師長、技術部長、課長などが主なターゲット読者になる。

第3章

学術論文はまず大学関係者を対象とする

さて、企業に所属する技術者・研究者が執筆する学術論文のターゲット読者は、誰になるのでしょうか。

学会の場で、企業間の技術力が比較されると聞いている半導体分野などでは、他社を牽制し、顧客に注目してもらうことが執筆意図になり得るので、顧客企業の技術者、同業他社の技術者がターゲット読者になります。では、社会インフラなど一般の技術分野ではどう考えるべきでしょうか。

このような一般の技術分野では、学会誌などに掲載された学術論文が実務で注目されるケースが比較的少ないので、放っておくと企業関係者にはあまり読んでもらえない可能性があります。そのため、まず大学関係者をターゲット読者と考えるのが現実的だと思っています。

自身が執筆する論文の内容に興味を持ちそうな大学関係者、特に関係業界で人脈を持っている教授クラスをターゲット読者と設定して、論文が掲載され次第、別刷りを持参して読んでもらうようにするのが良いと思っています。こうすれば、必ずしも論文の結論に賛同してもらえなくても具体的な懇談ができて、自社の技術に関心を持ってもらえるようになります。またこのような懇談の機会から、執筆者自身の実力も推し量ることもできます。

学術論文を営業で活用

ちなみに、技術的要素が多い機器・システムに関する営業活動（客先提案）で、学術論文が活用できることがあります。客先を訪問した際に、主幹、技監などのような肩書を有する客先側の上級技術専門職が同席するケースでは、自社の提案内容に含まれる技術が独自に開発されたものであることを示す意味で、査読付き学術論文の別刷りをお渡しすることが有効になります。

3-3-3　執筆の難易度

最後まで読んでもらえるかがカギ

技術報告書・学術論文の執筆難易度は比較的高いほうです。これまで述べたように、ターゲット読者が個人ではなく集団になること、またそれらの大部分の読者に読む義務がないので、最後まで読んでもらうための難易度が高くなります。

一方で、執筆意図は多少のバリエーションがあるとしても、基本的には開発した技術の価値を認めさせることなので、技術報告の原則を守れば記載内容に納得してもらうための難易度はそれほど高くありません。とにかく最後まで読んでもらえるかが執筆意図を達成できるかどうかの分かれ目になります。

特に執筆意図 B-イの技術報告書は、その文書を目にするまで全く別のことを考えていた技術者に異質な話題を突然持ちかけるものなので、職場回覧などで一度手に取った文書を棚に戻さず読み続けさせられることが非常に難しいのです。

「プレゼント」を仕込む

2-3-1 項で述べたように、読者が読み続けたくなる「プレゼント」を最初のページに仕込んでおかなければなりません。しかし、文書がそもそも論理的で読者も技術者なので、このプレゼントは出張報告書で紹介したような現地の珍しい写真ではおそらく通用しません。それなりに知的好奇心をくすぐるような話題が必要です。

私も正直言って何が確実に決め手になるか、一般的な解は持っていませんが、まずは「知りたいと思っていたことが書いてありそうだ」と読者に思わせることが重要だと思っています。読者に上手く興味を持ってもらえた具体的な例について、後ほど**文例**9、10で紹介します。

3-3-4　最適な文書の分量

30分で読了できる分量に

技術論で相手を納得させる技術報告書・学術論文の場合、文書の分量はどうしても多くなります。社内の技術報告書で平均的にはA4用紙で10～20ページ程度、フルペーパーと言われる学術論文では、分野にもよりますが英文2段組みで6ページが相場だと思います。この辺のボリューム感は読者の都合よりも、まとまったストーリーを展開したい執筆者の都合からきている数字だと思います。

3-3-2項で述べたように、技術報告書・学術論文には幹部報告の機能はないので、幹部向けの週報・出張報告書のように忙しい幹部の都合を考えて極端に圧縮する必要はありません。しかし、民間企業の技術部などで執務している一般の技術者の時間的な余裕を考えると、ひとつの報告書を読了するのに1時間が必要となるようでは、読者の負担が重すぎます。

少なくとも社内の技術報告書は30分で読了できるように執筆したほうが最後まで読んでもらえる確率が高くなるはずです。したがって社内の技術報告書は内容にもよりますが、本編は図表込みの1段組みで15ページ程度に抑えて、これを超える部分はアペンディクスにするのが適量と思います。

学術論文は圧縮不要

学術論文については、ターゲット読者が大学関係者であると考えると、特に圧縮を考える必要はありません。学術誌のページ資源に神経質なエディターとせめぎ合って納得させることができれば、多少長くても読んでもらえると思います。

一方で、企業関係者にも広く読んでもらうことを意図する学術論文であるとすると、ページ数にもある程度の配慮が必要になります。私の感覚では、英文２段組みで６ページまでは大丈夫だと思います。

3-3-5　上手に書くためのコツ

開発予算を提供する委託元などがすでに出現している表3-4の執筆意図B-アでは、ターゲット読者はその技術報告書に関して一定のベースの知識があり、その報告書を読む義務も、ある程度負っている立場だと考えられます。一方で、委託元などが出現していない執筆意図B-イでは、ターゲット読者はベースとなる知識がほとんどなく、読む義務も全くない状態でその技術報告書を手にすることになります。

このように、執筆意図B-アと執筆意図B-イで、ターゲット読者の性質が大きく違っています。この違いに注目して、以下の２つのコツを紹介します。

（Ｉ）　委託元・パートナーがいる場合の書き方（ターゲット読者の期待に応える）

成果を記す

前述のように、表3-4の執筆意図B-アの技術報告書では、その開発テーマの概要をすでに知っている人物がターゲット読者となります。ターゲット読者が開発資金を提供している開発委託の委託元になるので、開発内容に対して「こうしてほしい」、「こうすべきである」、との強い期待があるはずです。したがって、後に述べる執筆意図B-イの技術報告書とはかなり違う書き方が必要になります。

簡単に言えば、単に執筆者としての熱意を伝えるのではなく、「事業部門のお金を使った製品化」という事業プロセスに相応しい成果を記述しなければなりません。これができない場合は、せっかく獲得した開発委託が打ち切られるかもしれません。十分な注意が必要です。

盛り込むべき内容

私が委託元の部長だとしたら報告してほしいと思う典型的なポイントを以下に列挙しました。これらを参考に、事前の打合せなどで何が必須の報告項目であるのかを正しく理解することが重要です。学術論文についても、執筆意図がB-アであれば、公表可能な範囲で同様に考えるべきです。

<報告内容のポイント>

- 今回の報告期間における主要な成果は何か（たとえば達成項目など）
- 委託元と合意した開発計画との差異は何か（たとえば計画の遅れ、前倒しの内容など）
- 開発の実行者として認識している課題と今後の見通し（たとえば開発の難所など）
- 開発のリスク項目とそれに対するコンティンジェンシープラン
- もし情報があれば他社の開発動向

（Ⅱ）　委託元・パートナーがいない場合の書き方（表紙と題目で読者を本文に連れてくる）

第一印象で決まる

こちらは、委託元が出現していない表3-4の執筆意図B-イの技術報告書で、特に重要なコツです。前述のように、このタイプの技術報告書に対しては、ほとんどの読者に読む義務はありません。前提となる知識も期待もない状態のターゲット読者に「初対面」で技術報告書が出現することになるのです。

このように考えると、このタイプの技術報告書の執筆意図を実現できるかどうかは、初対面の第一印象をいかに良くするかにかかっています。

そこで私は、このタイプでは技術報告書の「表紙」と「題目」の書き方が特に大事であると考えています。

一目でわかる題目に

社内の技術報告書の場合、多くの会社で**文例9**に示す表紙が用意されているはずです。これは学術論文でアブストラクトに相当する部分だと思っており、多くの読者がこの表紙で貴重な時間を割いて本文を読むかどうかを判断します。

技術報告書が中華料理屋だとしたら、表紙は店頭に並ぶ美味しそうな料理のサンプルです。常連さんであればサンプルを見なくてもお店の良さを承知してくれていますが、ここでは行きずりのお客さんがターゲットです。サンプルがお客さんに魅力を伝えられなければ、お店の中に入ってきてくれません。表紙には、何がこのお店のおすすめ料理で、どう美味しいのかを行きずりのお客さんに正しく伝えてお店の中に入らせる役割があるのです。

報告書の題目（タイトル）は、いわば看板料理の名前です。難しい名前は行きずりのお客さんには理解されず、素通りさせてしまう可能性が高いと考えなければなりません。たとえば本場の名前を重視して「宮保鶏丁」と書いても、日本のほとんどのお客さんには何の料理なのか伝わりませんが、「鶏肉とピーナッツの唐辛子炒め」と書けばたいがいの人には分かってもらえます。

報告書の題目も、執筆者の専門用語をそのまま使うと他の分野の専門家には伝わらなくなってしまいます。報告書に興味を感じて、表紙をめくって本文を読み始めてもらうためには、一般的な用語で、何を取り上げているのか一目で分かるようにする必要があるのです。

キーワードを盛り込む

さらに本文を読み始めてもらう確率を上げるためには、題目の中に報告書で伝えたいニュースの要点を単語として盛り込みたいところです。

たとえば新しい測定デバイスの提案であれば「新規の○○計測方法の

…」「新規の高速測定システムの…」などと書きます。また、大幅なコストダウンが実現しそうな提案であれば「システム原価低減に向けた…」「システムの運用コスト削減に寄与する…」などと効果も含めて書くと、何の役に立ちそうなのかが想像できます。この場合、計測システムに関わる仕事をしている技術者や、原価低減もしくはランニングコストが課題だと思っている設計者などが表紙をめくってくれるかもしれません。

「プレゼント」を表紙に仕込む

そして本文を読んでもらうために駄目押しになるのが、2-3-1 項で説明した読者への「プレゼント」です。できればこの「プレゼント」を表紙のどこかに埋め込んでおきたいところです。この「プレゼント」は、文書を手に取った後に読み続けてもらうためのきっかけです。必ずしも結論と直結している必要はありません。

まずは面白そうだと思って読み始めてもらって、「結論は僕の仕事に関係なかったけど〇〇が分かったので良かった」、「〇〇のことを知ることができたのは勉強になったね」と思ってもらえれば、執筆者としてまずは成功です。そう思った読者は、次のあなたの報告書も、表紙をめくってくれる可能性が高くなります。

文例 9 に示した技術報告書の表紙は、**文例** 10 の技術報告書本文の表紙のイメージです。この報告書は、産業医、保健師など社内の医療専門職をターゲット読者と考えて執筆したものです。医療専門職が興味を持ちながら、制度上の制約で見ることができなかった健康保険組合の「レセプト情報」を初めて使った試みであることが、読者を引きつけると考えて書いています。すなわち、レセプト情報が前述の「プレゼント」に相当するものです。

【文例9】技術報告書の表紙のサンプル　実例(再)

文例10の報告書本文に合わせて再現した表紙のイメージ。「あえて表紙を作るとこのようになる」と考えて本書の説明用に表紙を作成した。一部伏せている箇所があるが、大筋は実際のストーリーになっている。ターゲット読者は**文例**10と同じく社内の産業医、保健師など医療専門職と設定しているので「レセプト情報」「HbA1c」などの医療の専門用語は当然承知しているという前提である。

報告書番号：〇〇〇〇〇　　発行日：2012年〇月〇日
秘密等級：　一般　　発行部門：本社

技術報告書（研究）

題目：　レセプト情報を利用した糖尿病の重症化予防活動のトライアル
目的：　糖尿病の治療を要する状態で医療処置を受けていないハイリスク者を抽出、早期の受診を勧奨することで重症化を予防する。
特徴：　**電子化された〇〇万人のレセプト情報の予防医療への活用**
方法：　**特定健診データの糖尿病に関わる検査値HbA1cと診療・投薬に関わるレセプト情報を突合分析する。**
結果：　当初の予想通りに糖尿病に関わる検査値が悪いにも関わらず適切な医療処置を受けていない加入者が被保険者で〇〇名いることが分かった。同意が得られた〇〇名に生活指導を実施した。
結論：　社内医療専門職と連携して継続的にハイリスク者の発生を防止する仕組みの構築が急務である。
報告者：　〇〇統括部　〇〇グループ　参事　〇〇　〇〇
連絡先：　testtesttest.testtest@toshiba.co.jp、内線　〇〇〇

責任者コメント：
これまで予防医療の視点で活用されていなかったレセプト情報を有効に利用する初めてのサービスモデルである。（角谷）

配布先：
本社技術本部、本社人事総務部、本社健康管理センター
各事業場総務部、各事業場健康管理センター

この部分がこの報告書を手に取った読者を逃がさないための「プレゼント」だと考えている。

<補足説明>
レセプト情報：保険診療を行った医療機関が、患者ごとの医療費を月末に集計して健康保険組合などの医療保険者に診療報酬を請求するための診療報酬請求書。診療の対象になった疾病名、検査、処置、投薬内容などが記載されている。どこの医療機関を受診しても患者が加入する健康保険組合などの医療保険者に請求書として必ず集まってくるので受診状況を確認するためのデータとして価値が高いと注目されている。健康保険組合など医療保険者が保有するデータなので、通常は医師など医療機関側からはアクセスできない。
HbA1c：　ヘモグロビン　エーワンシー。体内の血糖状態を表す数値。

【文例10】 技術報告書　レセプト情報を利用した糖尿病の重症化予防活動のトライアル

実例（再）

健康保険組合と連携して生活習慣病の重症化予防というソリューション開発に取り組んだ際に私が執筆した実際の社内報告。一部省略している。ターゲット読者は社内の産業医、保健師など医療専門職と設定して書いている。読者分析では、読者は忙しいと考えて、A4用紙で2ページと報告書にしてはコンパクトになっている。この報告は執筆意図の通りに関係者の支持を得ることができて、本書の執筆時点で自社内の健康保険組合で定常的に活用される活動になっている。

Ⅰ．はじめに（目的）

糖尿病とその合併症による医療費の増大は大きな社会問題になっており、加入者の糖尿病に関わる医療給付も年々増加している。そこで、**電子化が進んでいるレセプトデータと特定健康診査データ（以下、診査データ）を突合分析することで、糖尿病に関わる検査値が治療を要する状態であるにも関わらず適切な医療処置を受けていないハイリスク加入者を抽出して早期の受診を勧奨することで重症化を予防することが出来るのではないかと考えた。**このトライアルは、糖尿病の重症化予防による企業グループ全体での医療給付の削減を目的に、各スタッフおよび産業医など産業保健専門職にも参加いただいて昨年6月から検討を進めてきたものである。今回、先行モデル部門としてご協力いただいた各事業場で抽出したハイリスク者に対するアプローチが進行し、ご本人から同意を得て個別の受診勧奨、生活指導を集中的に実施したのでその詳細を報告する。

この部分がターゲット読者に賛同いただきたい仮説の部分

Ⅱ．対象・方法

1. 仮説設定

①糖尿病が急速に悪化した加入者はその直前において治療中断などにより適切な医療処置を受けていないのではないか。

②これらの加入者を早期に発見できれば重症化を効果的に予防できるのではないか。

2. 使用したデータ

加入者で糖尿病に関わる検査値であるHbA1cのデータがある約○○万人のレセプト、診査データ。

3. 分析・抽出方法

- 2011年の特定健康診査でHbA1c（JDS）7.0％以上であるにも関わらず2012年3月から2013年2月までの12カ月間に糖尿病の治療に関わるレセプトが0カ月から3カ月分までしか発見できない被保険者。
- これらの被保険者の内で2012年、2013年の特定健康診査においてもHbA1cの検査値で改善が認められない者。

4. 受診勧奨

参加各事業場で○○名のハイリスク者を抽出して○○名から同意を取得、外部の受診勧奨会社に委託してそれぞれ1回以上の個人面談（各60分）を実施して動機づけを行い、以降6カ月間にわたって電話などにより受診状況の確認、生活指導を継続。

Ⅲ．倫理的配慮

① 弁護士の助言に基づき、参加の各部門で個人情報保護に関する覚書を取り交わすなど厳格な個人情報管理の体制を構築して活動を開始した。

② 個人面談、受診勧奨について本人の同意を得て実施した。

Ⅳ．結果

1. レセプトデータからの予備的知見

過去の服薬治療の記録が無いにもかかわらず突然にインシュリン注射、透析治療が始まる患者を多数発見した。

1

2. レセプトと診査データの突合結果

予想通りに糖尿病に関わる検査値が悪いにも関わらず適切な医療処置を受けていない加入者が被保険者で○○名いることが分かった。

3. 事業場、関係会社別の傾向

所属部門によって抽出結果に特徴がある。

この部分が確認済の事実。過去の事実なので納得が得られやすい。

4. 受診勧奨の手応え

現時点までの面談記録によると、指導中の対象者に教育入院経験者が○名含まれており、受診中断者が多いことが分かる。

V. 考察・まとめ（結語）

以上詳述したように本活動によって以下のような知見が得られた。これらの知見に基づき、来年度は更に範囲を拡大した活動の展開を検討中である。

- レセプト分析の結果から、糖尿病の病状が急速に悪化する加入者が毎年一定数存在していることが分かり、重症化予防と医療費削減の観点から介入すべき集団であると考えた。
- **レセプトと診査データの突合分析の結果から、明らかに重篤な糖尿病と判定される検査値を持っている加入者の中の相当数が、本来受けるべき医療を受けていないハイリスク加入者であることが分かり、この対策が急務であると考えた。**
- 受診勧奨会社による個別面談の結果から、これらハイリスク加入者の大部分は教育入院などを経験した受診中断者であることが分かり、継続的な受診確認とフォローの仕組みが必要であると考えた。
- これらハイリスク者を管轄する事業所保健専門職との体制作りおよび連携が重要だということが改めて分かった。

以上

この部分が結論。対策を急いでやろうと読者に行動をお願いしている。

2

技術報告書・学術論文の執筆のポイント

■技術者が文書を書くからには、強い思いとこだわりを込めて書く

■学術論文では、遠慮せずに隠れた執筆意図も積極的に追求する。このほうが上手に書ける

■技術報告書・学術論文のターゲット読者は技術者限定とするべき

■社内技術報告書は30分程度で読み切れる15ページ以内が望ましく、読者を呼び込む役割の表紙をどうアトラクティブに書くかがポイント。題目も読者のメリットが分かるように一般的な言葉で書く

■最終的に結論に納得してもらえるかは結果（データ）が勝負。結論を直接サポートできるデータを見つけること

3-4 開発提案書を執筆するコツ

さまざまな議論が必要

開発提案書は、一定の根拠に基づいて研究開発費と人的リソースなどの開発投資を提案する文書です。多くの会社では、部長もしくは課長クラスの管理職の責任で、その上位の事業部長・技師長もしくは工場長に提案が行われます。開発投資の規模によって決裁権限が決められている場合も多く、金額が大きいものでは社長の決裁が必要になる場合もあるでしょう。ここでは最も一般的な、主任クラスが起案して、課長と部長が承認し、事業部長に提案するケースを想定して説明します。

開発提案書は、将来のリターンを前提に現在の投資判断を求める文書です。これまで説明した週報、議事録、技術報告書などと異なり、まだ起きていない未来の出来事を予想して説明することになります。また、技術的な価値の優劣の議論だけではなく、金銭的な価値の優劣も同時に議論します。

したがって、この開発提案書はひとりの担当者が今日から書こうと考えてすぐに書き始められるものではありません。開発提案書を書く前に、部署の中でさまざまな議論が行われて、さらには検討会議も数回開催されて、その議論と結論を基にしてやっと開発提案書が執筆できるようになるはずです。

企画と執筆は別

この開発提案書の執筆に関しては、第２章で述べたように、開発企画を練ることと開発提案書の執筆が混同されていると感じる場面があり、正直危惧しています。たとえば課内でこれまで何も検討されてない中で「○○君、来週までにあの件、開発提案書を書いておいてね」と課長に頼まれる場面も少なくありません。このような状態で書かれた開発提案はまず成功しないでしょう。

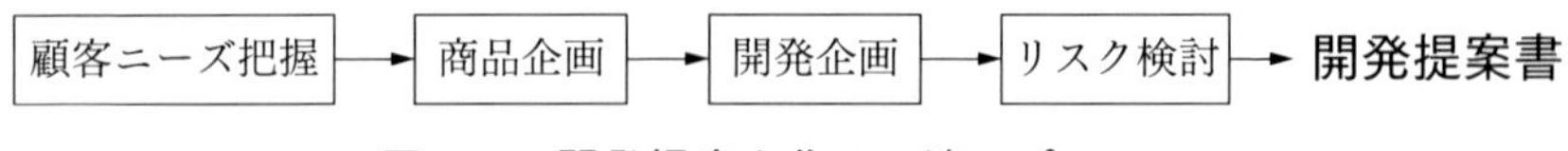

図 3-2　開発提案を作る一連のプロセス

対象の製品分野によっていろいろなケースがあると思いますが、一部の受注生産品を除くと開発提案を作るプロセスは**図 3-2** に示す流れとなります。前半は主に営業部が担当して後半は技術部が主役になり、最後は営業部と技術部が共同で提案するという流れが典型例ではないでしょうか。

開発提案書の執筆と開発提案を作るプロセスは決してイコールではありません。開発提案書の執筆はプロセス全体の最後の段階なのです。本書ではこの前提で開発提案書の執筆について解説します。

3-4-1　執筆意図：開発提案を認めてお金を出してもらう

この文書の執筆意図は明確です。簡単に言えば、「近い将来必ず利益を出すので今この会社・組織のお金を使わせてください」、とお願いをして認めてもらうことです。開発助成、開発委託などで公的資金を使う開発でも、「将来必ず日本の産業を支える重要な日本原産技術になるので国のお金を使わせてください」、とお願いをして認めてもらうことです。

3-4-2　ターゲット読者

決定権のある人物

執筆意図がお金を使わせてくださいというお願いになるので、その決定権のある人物がターゲット読者になります。会社の中では、事業部など損益管理が行われる組織において、その損益責任を負っている人物です。公的な開発助成、開発委託などの場合は、その採択可否判断を行う独立行政法人などの部門長がターゲット読者になると思います。

意思決定プロセス上の人物

ここで注意が必要なことは、この種の投資判断は必ずしも特定の人物がひとりで決めている訳ではないことです。会社の中では事業部長が最終判断をする前に、たとえば経理を担当する責任者が意見を述べている可能性があります。開発助成、開発委託などの場合は、所管の独立行政法人が決定するとしても、審査委員会が組織されて実質的には有識者として大学の先生方が採択方針を作成していることが多くあります。したがって、ターゲット読者は表面上の立場だけで決めるのではなく、執筆意図に関わる意思決定のプロセスをよく分析した上で決めたほうが効果的です。

前述のように、経理責任者が意思決定に関わっていて、事業部長とともにターゲット読者のひとりであると認識するのであれば、これから作成する文書は経理の人にも分かるように書かなければなりません。仮に事業部長が技術出身で技術内容が分かるとして、その事業部長に重要な意見を述べる経理責任者が理解できない文書にしてしまったら、提案に賛同する意見はもらえないかもしれません。誰が意思決定に関わるかを念頭に、ターゲット読者を決定していただきたいと思います。

3-4-3　執筆の難易度

提案される側はお願いして提案してもらった訳ではないので、つまらなければいつでも提案をボツにできます。したがって最後まで読んでもらうための難易度は高くなります。前述のように執筆意図が投資提案で、まだ起きていない未来の出来事を予想して説明することになるので、結論に納得してもらう難易度もやや高い文書です。

とはいえ、後ほど説明するように、説明すべきことはおおよそ決まっています。正直言って未来のことは誰にも分からないので、正しいプロセスで十分な情報が揃えられていれば、後は責任者の決断を待つしかな

第3章

いと考えるのです。

3-4-4　最適な文書の分量

開発提案書は、ターゲット読者が意思決定をする幹部であること、ボツになるリスクを含んだ最後まで読んでもらうのが難しい文書であることなどから、分量を限定したい典型的な文書です。私が所属していた会社ではこの種の提案はだいたい30分程度の時間枠で審議されていました。説明が15分で議論が15分という配分です。パワーポイントなどのスライドであれば12枚程度、書面で提案する場合は、A3用紙で最大2ページというのが適切な量だと考えています。

3-4-5　上手に書くためのコツ

求められる内容

一般的な開発報告書では、書式はそれぞれあるものの、共通して以下のような項目（Ⅰ）～（Ⅸ）が説明すべき内容として求められます。研究所段階の開発では（Ⅱ）、（Ⅵ）、（Ⅶ）、（Ⅸ）が省略されるケースもありますが、事業部側での開発提案ではこれらすべてが必須項目と考えたほうが良いと思います。それぞれについて書くべき内容と注意点を示しました。

（Ⅰ）　市場の動向・ニーズ

開発しようと提案する技術、製品が自社の勝手な思いからではなく、社会課題の解決・顧客課題の解決のために必要であるストーリーを示します。たとえばロボット関連技術の開発であれば、少子高齢化・労働者不足という社会課題を背景に、顧客が単純労働の人件費高騰に苦慮していて省力化につながるシステム・製品を望んでいる事情を、営業部門のヒアリングデータなども交えて説明すると説得力があります。

必要に応じて表2-8に示したように、政府機関など権威ある機関・団体が公表したデータも活用するのが良いでしょう。

（Ⅱ）　自社の製品計画・他社動向

注目した市場の動向と顧客ニーズに対して、自社がどのような製品をいつリリースする計画であるか、今回の開発提案の前のベースラインを明らかにします。他社動向が掴めていればここで併記して、他社比較の視点あるいはニーズ追従の視点で、自社の現状計画が力不足になっていることを説明します。

（Ⅲ）　この開発の位置づけ（なぜ開発するか）

自社の現行の製品計画の弱点、課題を起点に、製品計画の強化策としてこの開発を企画したと説明するストーリーが分かりやすく定石です。注意すべき点は「なぜ自社で開発するのか、他社から買ってこられないのか」という疑問で、これに対して答えを用意しておく必要があります。自社の技術の蓄積を生かしたほうがより良いものが早くできる、この機能は他社に真似をさせない差異化要素として自社内に囲い込みたい、などの定番の答え方があります。

（Ⅳ）　開発のポイント（なにが違うか）

技術者が最も書きやすい項目。従来の技術に対して開発しようとしている技術がこれだけすぐれたポテンシャルを有していて、成功の暁にはここまで製品が改善される、という最終ゴールをまず示します。その上で、現時点でそのポテンシャルの4合目程度までは検証が済んでいて、最終ゴールが決して夢ではなく達成できるものであることを断言しましょう。

（Ⅴ）　開発スケジュールと人員・費用（いくら掛かるか）

開発項目を列挙した上で、その開発を実行するリソースを割りつけてスケジュールとして、開発終了まで四半期で展開するところまでは示したいところです。できれば月次で展開できると、より説得力が増します。事業部外のリソースを使う部分については、どこに依頼するかも明確にすべきです。この項目は、どの程度真剣に提案を考えてきたかが露呈するところなので注意しましょう。

(Ⅵ) 販売計画（いくらで誰にどう売るか）

ベースとなる製品計画があってそこに追加する要素開発であるとしたら、その要素開発の適用で販売単価がどの程度上がるのか、販売数がどの程度伸びるのかを示します。コストダウン開発であれば、製品原価の抑制による利益増の見込みを示します。

ベースとなる製品計画がない全くの新製品ならば、誰にいくらでどのような商流で販売できそうなのか、営業部に見解をつけてもらう必要があります。技術部が主導で立案した計画は、このあたりに弱点があるケースが多く、開発費をかけて要素開発をしても販売単価も販売数も変わらなかったことがよく起きています。この点は、意思決定者が繰り返し質問をしてくるポイントのひとつなので注意しましょう。

(Ⅶ) 製造計画（どう作るか）

以前から作っている量産品のマイナーチェンジのような開発であれば問題になりませんが、インデント製品を生産している工場で量産の新製品を作りはじめる場合は大きな問題になります。自社で作るのか他社に委託するのか、その判断基準は何なのか、粗々でも見解をまとめておく必要があります。

(Ⅷ) リスク要素（何がどの程度心配か）

ここまでのバラ色のシナリオに対して、どのような障害が発生する可能性があって、それぞれどのようなインパクトがあるか予想を示します。たとえばロボット関連技術の開発で、標準化の動向、規制の動向が製品計画に影響を及ぼす可能性があるのであれば、それらを明記します。また現時点で、公開になっていない他社特許の影響が気になるのであれば、その影響について開示するのも良いでしょう。

このリスクが見えていないと、計画全体が煮詰まっていないと見られてしまいます。できるだけ前向きに開示したほうが信頼を得られやすいと考えましょう。

(Ⅸ) 事業計数展開（どう資金を回収するか）

投入した開発資金を、製品販売による売り上げ増加、利益率改善などによってどのようにいつ回収するのか、開発期間の長さに応じて５年程度の年次で計数計画を示します。

一番大事なこと

開発提案書の執筆の最大のコツは、ターゲット読者の分析に基づいて、自分がその人の立場だったら「この提案に関して何を最も気にするだろうか」と考えることです。

週報の節でも述べたように、通常は開発提案書が唐突に提案されることはありません。新しい発見・アイディアの予告となる週報がまずあって、このような開発を開始したいと考えている露払いの週報が続き、それから開発提案書が提出されるのが普通です。つまり、ターゲット読者である意思決定者は、今回の開発提案書を見る前に、何らかの印象を持っている可能性が高いのです。「性能は期待できるけどコストが心配だよね」とか、「顧客のニーズに対してオーバースペックじゃないのか」などと、意思決定者が別な会議の場でつぶやいているかもしれません。

開発提案書の場合、ターゲット読者はとても少数なので的を絞ることができます。書き出す前に、「○○さんはこれが気になっているはずだ」、という情報をできるだけ具体的にキャッチして、そこを確実にカバーした提案に仕立てることが肝要です。

【書式例 1】 開発提案書の書式例

事業部に所属する技術部が事業部長に提案する開発提案書の書式例。このような標準書式に記載した上で、必要に応じてパワーポイントのスライド数枚の補足説明が追加されることが多い。

20○○年度　開発提案書

審議事業部	提案部門	開発対象の名称／整理番号	提案日・提案者	最終承認・承任者印
○○事業部	○○技術部	集合住宅向け自動搬送システム（○○-○○）	○○○○ ○○月○○日	月　日

Ⅰ．市場の動向・顧客のニーズ

Ⅱ．自社の製品計画・他社動向

Ⅲ．この開発の位置づけ（なぜ開発するのか）

Ⅳ．開発のポイント（なにが違うのか）

Ⅴ．開発スケジュール（いくら掛かるか）

Ⅵ．販売計画（いくらで誰にどう売るのか）

Ⅶ．製造計画（どう作るか）

Ⅷ．リスク要素（何がどの程度心配か）

Ⅸ．事業計数展開（どう資金を回収するのか）

開発提案書の執筆のポイント

- 何もないところから開発提案書をいきなり書き始めないこと
- ターゲット読者は損益責任を負っている人物。ただしひとりで決定するとは限らないので、誰が意思決定に関わるかを想定して幅広にターゲット読者を選定する
- ターゲット読者を分析・調査して、この提案のどの部分が最も気になっているかをあらかじめ把握してから執筆する

3-5　予算計画書を執筆するコツ

ここでは、社内の予算会議に提出する技術部など技術部門の予算計画書をイメージして説明します。製造部門、販売部門は含まない技術部門単独を想定していますが、いわゆる本社スタッフ部門のように人件費などの部門経費を事業部門に自動的に配賦するのではなく、案件ごとに発生費用を機能の対価として営業部などに負担してもらう損益自立の部門を考えます。

設計・試作などに必要な開発費用を営業部が管理する製品原価に織り込み、残りの部分を事業部もしくは上位組織の研究開発費で賄うことができるか、特に技術者の間接人件費の扱いが常に議論の焦点になります。

第3章

3-5-1　執筆意図：組織の運営方針を認めてもらう

予算計画はその組織の運営方針そのものなので、この予算計画書の執筆意図は、当該組織の運営方針を損益の視点で説明して承認を求めることです。組織の運営方針は「方針説明会」などの名称で定性的な説明と議論が行われるケースもありますが、計数ベースでの議論が行われる「予算会議」のほうがより本質的な意思決定の場になると思います。ここでは「予算会議」に出席する技術部長の説明資料というイメージで説明をします。

3-5-2　ターゲット読者

予算会議で部長として説明する想定ですので、その予算会議のトップがターゲット読者になります。事業部の予算会議であれば、ターゲット読者は事業部長です。ただし、3-4 節の開発提案書でも説明したように、意思決定者は必ずしもひとりとは限りません。事業部であればその経理責任者も重要なターゲット読者になりますので、技術報告書のように技術者しか分からないストーリーにしてしまうのは禁物です。開発アイテムの内容など、技術的な価値が論点であったとしても、経理責任者が読んで理解できない予算計画書はあり得ません。

3-5-3　執筆の難易度

予算会議に提出される資料であれば、出席者はそれをまず読む義務があると考えられます。したがって、最後まで読んでもらう難易度はそれほど高くありません。しかし、来年度という未来に向けた提案であることから、不確定なことが多く、納得してもらう難易度は高い文書です。

特に中期計画のように３か年の予算を一括で提案しなければならない場合は、３年後の予測をすることになるので、不確実性も高くなり、さらにはターゲット読者側の期待も大きくなるので難易度がさらに高くなります。

3-5-4　最適な文書の分量

基本的に幹部向けの文書であることから、計数説明と施策説明を合わせてA3用紙１枚にまとめることが、一覧性も高くてほどよい分量だと思います。補足資料としてパワーポイントなどのスライドが数枚あっても良いでしょう。

3-5-5　上手に書くためのコツ

技術部の予算計画書の趣旨を簡潔に表現すると、「新製品の開発と客先への製品納入対応をこのような体制で進めます」、「必要となる人件費などの費用は関係部署の費用に計上できて賄えています」です。その組織の業務を遂行するために必要な人的リソースがどの程度のもので、それらを維持するための費用をどこから持ってくるかを説明することが最大のポイントとなります。

研究所など傘下の組織に損益の自立を求めていない部門では、多くの人員を投入する計画が突如提案されて、部門全体の収支が合わなくなる混乱が起こりがちです。しかし、損益自立を前提とする組織が集まる事業部門では、基本的にそのようなことは起きません。計数を前提とする予算計画書を用いることで、非常に分かりやすい組織活動の議論ができるでしょう。予算計画書を作成する際にはこのメリットを意識して、目指すべき活動方針を計数ですっきりと説明すれば、定性的な視点での議論よりも早く納得が得られるはずです。

事業部の技術部であれば、**表3-5**に示す項目が予算策定上の重要項目となるでしょう。この中の「A. 業務計画」は技術部の収入と直結する項目になります。一方で「B. 人員計画」「C. 経費計画」「D. 設備投資計画（減価償却費など）」は費用に相当します。単純に考えると、半期単位もしくは年間で「A＞B＋C＋D」であることを証明すれば、やりたいことができるようになります。

表 3-5　事業部技術部で説明が必要な予算項目の一例

大項目	中項目	内容
A. 業務計画	製品納入業務	顧客から発注された機器の製作、搬入、据付をどの案件でどのように実行する計画かを示す。
	製品開発業務	どの製品のどの開発をいつまで実施して、その費用をどこにチャージする計画かを示す。
	その他業務	その他の部外に人件費をチャージできる仕事があれば記載する。
B. 人員計画	採用	新入社員、中途採用による人員補強の計画。いつから人員が増える計画であるか示す。
	転出・転入	社内での人事異動による人員変動の計画。いつどのように人員が増減する計画であるか示す。
	退職	定年退職、自己都合退職による人員減の予定を分かる範囲で把握して示す。
C. 経費計画	工場部門への開発委託	製品開発業務を工場の設計部門などに委託する場合はその費用を示す。
	研究所部門への開発委託	製品開発業務を研究所に委託する場合はその費用を示す。
	外部への開発委託	製品開発業務を他社・大学など外部機関に委託する場合はその費用を示す。
	その他	国内出張旅費、海外出張旅費などのその他費用発生の計画を示す。
D. 設備投資計画	建屋建設	新規の開発体制の構築のために新しい建屋が必要な場合はその計画を示す。
	機器購入	新たな機器の購入、既存の機器の更新などが必要な場合はその取得計画を示す。
	リース機器導入	自社購入でなくリースを選択する場合はその計画を示す。

【書式例 2】 予算計画書の書式例

事業部に所属する技術部が、事業部長に提出して承認を受けるケースを想定した予算計画書の書式例。表 3-5 で示した収支をスルーして見られるようにしている一例。

審議事業部	提案部門		提案日・提案者	最終承認・承認者印
○○事業部	○○技術部	○○○○年度　技術部予算計画書	部長　○○○○ ○○月○○日	

大項目	中項目	4月	5月	6月	7月	8月	9月	10月	11月	12月	1月	2月	3月	年度計	年度合計	特記事項
A. 業務収入（百万円）	製品納入															
	製品開発															
	その他														A＝○○○○	
B. 人員計画（月末人員数）	正規社員															単価○.○／人
	嘱託社員															単価○.○／人
	派遣社員														B＝○○○○	単価○.○／人
C. 経費計画（百万円）	工場委託															
	研究委託															
	社外委託															
	その他														C＝○○○○	
D. 減価償却費など（百万円）	減価償却															
	支払リース															
	修繕費														D＝○○○○	
A－(B＋C＋D)															＋○○	

A. 業務計画の概要（今年度の注力ポイント、前年との差異）	C. 経費計画の概要（今年度の特異点）

B. 人員計画の概要（今年度の特異点）	D. 設備投資計画（今年度の新規投資）

予算計画書の執筆のポイント

- 定性的な施策を並べた計画書よりも、計数ベースで説明する予算計画書のほうが組織の運営方針として分かりやすい説明にできる
- 最後まで読んでもらう難易度は高くなく、納得してもらう工夫に集中して考えるべき文書
- 技術部の運営に関わる費用をどのように営業部費用、事業部開発費などで負担してもらうかを、時系列で説明することが最大のポイント

3-6　顧客向け提案書を執筆するコツ

一般的には、営業担当者と技術者が連携して顧客向け提案書を執筆します。会社によっては、営業部門に技術者が所属する「営業技術部」と呼ばれる組織があって、この種の文書を専門的に作成するケースもあります。

顧客向け提案書には、提案の相手や、提案の中身の違いによって、書き方も難易度も異なる多くの種類があります。たとえば家電製品のカタログも、企業が消費者に直接提案する一種の顧客向け提案書であり、テレビコマーシャルも同様です。この節では、企業が企業に製品・サービスを提案する、いわゆるB2Bの事業における提案書に絞って説明をします。

提案場面による違い

まずは提案の場面を分類します。このB2Bの事業に限ってみても、**表3-6**のように、会社の中ではさまざまな内容の提案書が日々作成されています。製造業の会社を例に挙げれば、個々の製品、サービスを顧客企業の担当者に提案するための文書が日常的に作成されているはずです。

表3-6　製造業を想定した顧客向け提案場面の分類例

	提案の内容		
意思決定者としての提案相手	単独の製品、単独のサービス（金額規模　小）	複数の製品、特定のシステム（金額規模　中）	複数のシステム・サービス（金額規模　大）
担当・主任・課長	◎	○	△
課長・部長・役員	○	◎	○
役員・社長	△	○	◎

◎　頻度がとても多い。中心的な意思決定ケース。
○　頻度として多い。あり得る意思決定ケース。
△　頻度として少ない。珍しい意思決定ケース。

提案の金額規模が小さいと考えられる場合は、顧客側の主任・課長クラスで意思決定がされて受注が決まります。一方で、提案の内容が複数の製品の組み合わせになる場合は金額規模も大きくなり、顧客側の意思決定のレベルが上がります。少なくとも課長・部長クラスが納得しない限り受注は決まりません。このような場合、提案側も上の役職の人が提案者となり、課長・部長クラスが顧客側の課長・部長クラスに直接提案して納得をいただくことになります。

さらに、提案の内容が複数のシステムとサービスの組み合わせであった場合には、金額規模がさらに大きくなり、顧客側の役員クラスの納得が必要になります。前哨戦的な商談は担当・主任レベルで進めているとしても、最終的には役員もしくはトップが顧客側の役員・トップに提案をする必要が出てきます。

このように顧客向け提案書と言ってもさまざまな階層に向けたものがあり、求められる要件は表3-6が示す提案の場面の位置によって全く別物になります。特に、顧客側の部長級以上に説明、提案する文書には工夫が必要です。本節では、特に難しいと考えられる表3-6右下の、4つの提案場面を中心に説明を進めます。

提案要請と要求仕様の有無

提案場面の次に、提案に至る経緯を分類します。この経緯によっても提案書の書き方が大きく異なります。

表3-7に示すように、会社間で行われる提案活動はまず、提案を受ける側が要請した場合と要請していない場合に分類できます。提案を要請することは、たとえばRequest For Proposal（RFP、提案依頼書）のような文書を要求仕様とともに開示して、同時に複数の企業に良い提案をお願いするケースです。提案の要請はあっても要求仕様はなく、内容は提案側にお任せというケースもあります。よくあるのは、顧客側の幹部から口頭で「何でもいいから何か新しいことを提案してください、良ければ採用します」と言われるケースです。

一方で、頻度は多くありませんが、顧客からの要請もなく、もちろん

表 3-7　顧客向け提案に関する経緯分類

経緯分類	提案要請	要求仕様	特徴・難易度
1	有	有	必ず競合が存在する。仕様は分かっており、提案内容は決めやすい。競合他社に対して製品機能、サービス、価格など何を差異化要素にするかがポイント。
2	有	無	顧客企業の配慮である場合が多く、決して無駄にはできない機会。仕様がないので提案内容を何にするかがとても難しい。競合はいないことが多い。
3	無	無	顧客企業のプレスリリースなどをヒントに、自発的に提案を仕掛けるケース。提案が実る可能性は低いが、上手く仕掛けると顧客企業での自社の評価が大きく改善する。

要求仕様もないのに自社側から自発的に提案するケースもあります。これは顧客企業のプレスリリース、自社の営業担当者の情報などからニーズを推測して提案を仕掛けるものです。

表 3-7 にまとめたように、提案要請があって要求仕様もある「経緯分類 1」の提案が、比較的易しい部類だと私は考えています。ただしこの場合は必ず競合がいるので、価格など受注政策という点では難しい点があります。

私が最も難しいと感じるのが、提案要請があって要求仕様がない「経緯分類 2」の提案です。これは顧客の配慮で自社に機会が与えられたというプレッシャーを感じることが多く、しかも準備がないところに期限付きで突然やってくることもあり、作成する側は最も大変です。特に要求仕様がない点が最大の難関で、何でもいいと言われるほど難しいことはありません。同じく要求仕様がない「経緯分類 3」の場合はこの悩みは同じですが、自社が自発的に仕掛けるものであるため、事前の準備と心構えができる点で「経緯分類 2」よりも楽になります。

これ以降、この経緯分類を意識して特に難しい「経緯分類 2」と「経緯分類 3」に力点を置いて説明してゆきます。

3-6-1　執筆意図：自社の製品、サービスを採用してもらう

とにかく自社の製品、サービスを顧客企業に採用してもらうことがこの文書の目的になります。このためには自社の製品、サービスの優れている点を分かりやすく説明して納得いただくことが必要です。技術者にありがちなのは、技術報告書と同じトーンで説明してしまうことです。

「どのように役立つのか」を説明する

3-3節で説明したように、技術報告書は技術者同士のコミュニケーションの道具であって、この顧客向け提案書に書くべきこととは異なります。前述の経緯分類を問わず、何が顧客のメリットになるかという視点で書かなければなりません。たとえば、計算機の演算速度が速い、装置の容積が半分になった、などと自社製品の特長を説明してみても、それが顧客企業のオペレーションの中でどのように役に立つのか、という点を説明しない限り、顧客は理解できません。

仮に顧客が小売業であるのであれば、「計算機の演算速度が速いことは、精算処理速度の改善を意味して、レジ待ちの解消につながります」や、「装置の容積が半分になったことで、商品陳列スペースが増やせるようになります」、などのように表現しなければならないのです。

技術的な記述は要点のみ

「経緯分類1」のケースでは、仕様が決まっているために技術的な記述もそれなりに盛り込む必要が出てきますが、「経緯分類2」と「経緯分類3」の文書では、技術的な記述は要点だけで十分です。「納得できたら使ってみようか」と、読者に思ってもらうことが目的ですので、何がメリットになるかを相手の立場で分かりやすく書かなければならないのです。

3-6-2　ターゲット読者

顧客企業の意思決定者を探る

その提案を受けるかどうか判断できる顧客企業の意思決定者がターゲット読者となります。表3-6で説明したように、提案の規模によって顧客企業での意思決定者は変わります。この構造を念頭に、案件ごとに自社の営業担当者と連携して、まずは誰が本件の意思決定者なのかを把握しなければなりません。

また、その案件の意思決定者が仮に社長であると分かっても、その社長にだけ説明すれば良いというわけではありません。企業のトップに提案をすれば、その会社の中でその案件を管轄する部門に必ず相談があるはずなので、担当部門には事前説明をしておく必要があります。できればその部門の責任者に、事前に納得いただいておくことが望ましいのです。

同格での提案が原則

図3-3に示すように、私は同等規模の会社間での提案活動は、基本的には同格での提案が原則だと考えています。役員に提案するのであれば自社も役員が訪問して説明する、部長に提案するのであれば部長が訪問して説明する形です。この際には、提案する相手が上位者になるほど、相手方で意思決定者の決定を補助する意思決定補助者の存在が明確になります。したがってターゲット読者としてこの意思決定補助者が無視で

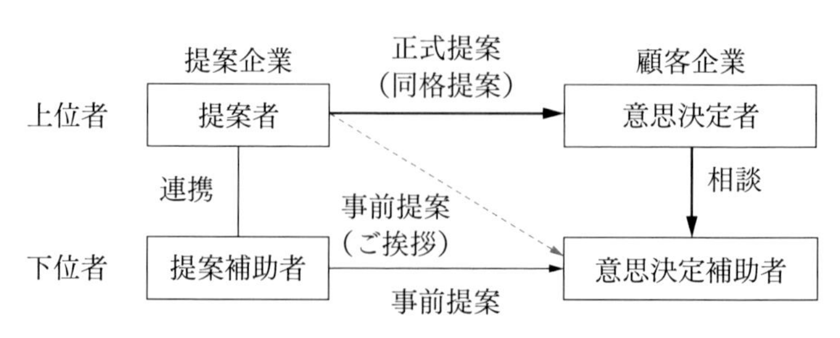

図3-3　顧客向け提案の望ましい進め方

きなくなるのです。
ターゲット読者を社長と決めた場合は、意思決定補助者として相手方の案件を所管する担当役員、部長クラスもターゲット読者であると想定しましょう。

3-6-3　執筆の難易度

「経緯分類 1」と「経緯分類 2」のように提案要請があるケースでは、ある程度は読んでもらえますが価値が伝わらないと最後まで読んでもらえません。提案要請がない「経緯分類 3」は自発的な提案なので、読んでいただけるかどうかは顧客企業の読者の時間的余裕と文書の内容次第になり、最後まで読んでもらう難易度が特に高くなります。
結論に納得してもらう難易度は全般的に高く、特に提案の規模が大きく未来のメリットを想定して説明する提案では、この難易度が特に高くなります。

3-6-4　最適な文書の分量

提案要請の有無で異なる

まずは経緯分類の視点から考えます。提案要請がある「経緯分類 1」と「経緯分類 2」では、前述のように「経緯分類 3」に比べるとまずは読んでもらいやすいので、比較的分量を多くできます。仕様も示されている「経緯分類 1」では、その仕様を実現する手段について、詳しい技術的な説明を求められるケースもあります。その場合は、A4 用紙で 10 ページを超える文書になっても違和感はありません。
一方で、自発的な提案である「経緯分類 3」の場合は、最後まで読んでもらえるとは限らないので、ターゲット読者の階層に関わらず、15 分程度で説明できる分量に抑える必要があります。

第3章

表 3-8　顧客向け提案書の分量の目安

	意思決定者の階層 金額規模　小 ←→ 金額規模　大		
経緯分類	担当・主任・課長	課長・部長・役員	役員・社長
1	かなり詳しく書ける	詳しく書ける	要点のみ書くべき
2	詳しく書ける	少し詳しく書ける	要点のみ書くべき
3	少し詳しく書ける	要点のみ書くべき	要点のみ書くべき

金額規模が大きいほど簡潔に

次にターゲット読者の階層の視点から考えてみます。前述のように、提案の金額規模が大きくなるにしたがって意思決定者の階層が上がります。階層の高い意思決定者は時間的な余裕が少ないと考えられるので、文書の分量を絞らなければなりません。一方で、金額規模が大きい提案ほど内容も複雑になります。提案内容が複雑で金額規模も大きくなるほど、説明を簡潔にまとめなければならなくなるのです。

表 3-8 に経緯分類と意思決定者との両面から、この文書の分量に関する基本的な考え方をまとめました。規模が大きくて複雑な提案をいかに簡潔に説明するかがこの文書の最も難しい点になります。

3-6-5　上手に書くためのコツ

この顧客向け提案書を上手に書くためのコツを（I）から（V）まで5つ紹介します。

（I）　製品スペックを顧客のメリットに置き換える

経緯分類に関わらず、顧客向け提案書に共通のコツです。B2B の提案活動において、顧客の大部分は自社のオペレーションを改善するために提案を求めているのであって、特定の技術を欲しがっている訳ではありません。

前述のように、計算速度がどんなに早くなってもよほどの計算機マニアでない限り、本質的な興味を引くことはできません。自社の製品スペックをいかに長く詳しく説明しても、相手が上位者になればなるほど無駄で無意味な説明になってしまうのです。

表3-9 を参考にして、自社製品スペックを顧客のオペレーションの中に落とし込んだときに、どのようなメリットになるのか「置き換え」を考えていただきたいと思います。この置き換えができると、顧客の理解が劇的に改善するはずです。

表3-9　自社製品スペックの特長を顧客のメリットに置き換える例

製品スペックの特長		顧客のオペレーションのメリット例
計算処理時間が短縮	→	来客の対応能力が向上、来客の待ち時間を短縮できる
製品サイズが半減	→	店舗スペースが拡大、有効利用できる
消費電力が大きく低減	→	電気代の低減、契約基本料金の低減ができる
光源の演色性が改善した	→	陳列している食品がおいしく見える
紫外線など余分な光が出ない	→	衣料品など陳列物の傷み（焼け）が少なくなる
製品寿命が約4倍になった	→	保守交換作業を大幅に減らすことができる
壁のスイッチ類を無線化した	→	オフィス・店舗の間仕切りを変えても配線工事が要らない
検知可能な面積が拡大	→	検知装置の設置台数を削減し、配線工事の簡素化ができる
製品の常時監視が可能	→	製品異常を事前に予測して稼動の停止を最小化できる
送信機の効率が大幅に改善	→	不要な発熱が減ることで冷房負荷の軽減もできる

（Ⅱ）　複数のメリットの中で中心となるものを選ぶ

次に大事なことは、多数のメリットが並んだときに、どこに力点を置いて説明するかという点です。

顧客視点で考える

私は以前、ある電鉄会社に「駅の省エネ」というテーマで提案を考えていたことがあります。ご存知のように、駅には照明、空調機、エレベータ・エスカレータ、券売機、自動改札など、さまざまな電気を消費する機器があります。それぞれの製品は、本来の機能の性能向上を進める一方で省エネにも力を入れているので、すべての製品で省エネを訴求することが可能でした。しかし、顧客である電鉄会社の視点で考えたときに、全製品が省エネだと言われても、焦点がぼけて何がポイントか分からなくなってしまいます。そこで調べてみたのが、一般的な鉄道の駅では、どの機器の消費電力が最も大きな割合を占めているか、という点です。

焦点を絞る

その結果、この検討対象の駅では常時動いている「エスカレータ」の消費電力量が、月間ベースで圧倒的に大きいことが分かりました。乗客が利用しないときには低速の省エネ運転モードになるはずなのですが、1階の改札口から2階のプラットホームに乗客が間隔を空けずにパラパラと移動するために、エスカレータが低速の省エネ運転モードにならなかったのです。

これ以降、この省エネは、駅のオペレーションに影響を与えない範囲で、エスカレータの消費電力量をどうすれば抑えられるかを中心に検討が進みました。その中で、ひとつの案として1階の改札口の付近に空調を効かせた快適な待合室を設置して、電車が到着する直前まで乗客を堰き止めるアイディアも出てきました。

このように、顧客のオペレーションを理解して提案の力点を絞ってゆくことも提案書作成の大事なポイントになります。

(Ⅲ) 顧客の困りごとを推測する

表3-9で説明した製品スペックを顧客のメリットに置き換える作業は、顧客のオペレーションをそれなりに理解していないとできません。顧客

向けの提案書を作るためには、顧客が自社の製品・システムにどのような役割を期待して一体何を目指しているのかを考えなければならないのです。

要求仕様がない「経緯分類 2」と「経緯分類 3」の提案では、さらに深い理解が必要になります。顧客から要求仕様の提示がないわけですから、顧客はこんなものを欲しがっているはずだ、という仮説が自社になければ提案は作れません。顧客が新しいものを欲しがることは、そこに何か解決しなければならない困りごとがあるということです。困りごとの深刻さが強いほど、欲しがる度合いも強くなるので採用していただける可能性も高くなります。したがって「経緯分類 2」と「経緯分類 3」の提案では、顧客が抱える深刻な困りごとを発見できるかどうかが勝負どころです。

どうやってみつけるか

では、どうすればそれらを見つけることができるか。理想的には、顧客の会社に臨時の社員として常駐させてもらって、1年くらい一緒に仕事をすることだと思います。そうすれば、さまざまな顧客のオペレーションでの課題が見えて、その深刻さの粒度も理解できて自社の製品・システムとの関連性が正しく考えられるようになるはずです。常駐が無理な場合は、顧客企業の社員とできるだけ頻繁に会話をして、1年くらい愚痴を聞き続けるのが有効でしょう。こうすれば悩みが分かってきます。

たとえば、ショッピングモールのような大規模な商業施設を所有して運営する企業では、その施設にいかにお客さんを呼び込むか、という集客が第一の困りごとになっています。しかし、よく話を聞いてみると、大規模災害への備えや不審者対策など、素人目には分からない困りごともあります。さらに聞いてみると、このような直接的に収益に貢献しない困りごとには大きな投資ができない、という内部の事情も分かってきます。

困りごと発見で８割成功

ここまで分かれば、要求仕様がなくても提案書の骨格が考えられるようになります。たとえば、「災害対策としての避難誘導の仕組みが欲しいのかもしれない、それも災害対策専用のものにすると利益を生まない投資になるので、通常の営業時に使っている大型表示装置や映像配信システムを災害時に切り替えて利用できるようにすると困りごとが解決するのではないか」、などのように考えるのです。

すでに顕在化していて、誰でも知っている困りごとに対しては要求仕様が作られていて、競合他社も提案を考えているかもしれません。しかし、自社が最初に発見した顧客の困りごとであれば競合他社は提案できません。顧客ですら気がついていない潜在的な困りごとを発見して、「経緯分類３」の提案のように、自発的な提案をすることができれば、その時点で提案活動としては８割方成功したといっても過言ではありません。顧客の困りごとの発見はそれほど重要なことなのです。

(Ⅳ) リスク要素、自社の弱みも積極的に開示する

第２章でも述べたように、バラ色のシナリオは読者に警戒をされます。2-2-2項で説明したように提案系の文書は、現在分かっている事実を基にこれから先に起きる未来のメリットを予測して書いているので、本来はそこに必ず不確実性が含まれるはずなのです。

不確実なことがあるはずなのに、それが説明されないということは、提案者が「隠している」か「気がついていない」と受け止められてしまい、いずれにしても提案の信頼性を損ねてしまいます。システムに不具合が起こる可能性が少しでもあるのであれば、万一その不具合が起きた場合にはどのような影響が出るのか、どのくらいの時間で復旧するのかなどを説明すべきです。そうすれば、「提案者はリスクを承知していてきちんと評価しているな」と、むしろ好印象を与えることができると思います。

(V) メリットを可能な限り金額に換算する

本節の冒頭で述べたように、ここではB2Bの事業での提案場面を想定していますので、メリットを可能な限り金銭価値で表現する必要があります。顧客からみれば提案に同意することは投資になるので、使う費用に対してどのようなリターンが得られるかが意思決定のポイントになります。

表3-10に商業施設での映像表示システムを想定した説明の例を示しました。これは一例ですが、費用側として、初期投資と継続して必要となるランニング費用がどの程度になるかを、まず顧客に明確に示します。その前提でどのような価値のメリットが出るかを説明して、顧客側での意思決定をしやすくしてあげることが有効であると思います。

表3-10 費用とメリットの説明例

<table>
<tr><th colspan="3">費用</th><th colspan="3">メリット</th></tr>
<tr><td rowspan="3">初期投資</td><td>システム改修費用</td><td>50 百万</td><td rowspan="2">増収効果</td><td>集客増加（推定）</td><td>○百万/年</td></tr>
<tr><td>ソフトウェア開発費</td><td>40 百万</td><td>広告収入</td><td>○百万/年</td></tr>
<tr><td>映像表示装置</td><td>30 百万</td><td rowspan="2">節約効果</td><td>電力削減</td><td>○百万/年</td></tr>
<tr><td rowspan="3">ランニング費用</td><td>クラウド装置費用</td><td>3 百万/年</td><td>人件費削減</td><td>○○百万/年</td></tr>
<tr><td>映像更新費用</td><td>5 百万/年</td><td rowspan="2">その他</td><td colspan="2" rowspan="2">大規模災害発生時の誘導放送機能を具備</td></tr>
<tr><td>保守契約費用</td><td>2 百万/年</td></tr>
</table>

第3章

【文例 11】 顧客向け提案のスライド構成例 **創作**

比較的規模の大きいシステムの提案を、自社の役員が顧客企業の役員クラスに提案することを想定した説明資料の作成例。経緯分類は2で、懇意な客先の役員から要求仕様は示さず「何か御社から良いものを提案してほしい」と要請されて提案に臨むケースを想定した。先方からの要請があるので、よほど外れた提案でない限り、とりあえず話は聞いてもらえるが、準備時間がない状況で先方の困りごとをぴたりと当てられるかが勝負になる。役員クラスへの提案であることから、技術的な詳細を省いたスライド12枚の構成とした。

架空の提案例です

○○不動産株式会社
○○○○事業部様

○○○ショッピングプラザ様
映像情報表示システムのご提案

○○○○年○○月○○日
○○○株式会社
○○○○事業部

概要

大規模災害発生時の避難誘導に関わる機能を強化した商業施設向けの映像情報表示システムを開発しました。

1. 大規模災害の発生時には、即座に来場者の避難誘導画面に切り替わって全ての画面で避難指示を表示します。貴社の社員の皆様への役割指示も表示できます。
2. 大規模災害を想定してバックアップ電源を強化しています。
3. 運用時の手間であったコンテンツの作成・更新作業を弊社の画像センターで代行いたします。

2

通常時の表示例（通常モード）

○○プラザ　オープン7周年記念
サマーセール大抽選会

3

なぜこの提案をしているかを示す最も重要なスライド

ご提案の背景

これまでの映像表示システムは、表示装置本体など機器の性能が強調されていましたが、運用場面での使い易さの追求は不十分でした。特に、表示コンテンツの作成、更新などの手間がお客様の負担であったと考えています。

多くの人が集まる施設には大規模災害への備えが以前よりも高いレベルで求められるようになりました。既存のシステムに災害対応の機能をコストミニマムで盛り込むことが期待されていると考えています。

5

弊社ご提案の特長

1. 通常の営業時間における集客機能と、大規模災害の発生時の避難誘導機能を高いレベルで統合しました。
2. 大型表示装置に集客監視カメラを併設することで、表示装置の周辺を回遊する顧客数と属性に応じて表示コンテンツを切り替えることができます。
3. 大規模災害の発生時の避難誘導は施設内のすべての監視カメラからの情報に基づき、最も安全と判断した方向への避難を指示できます。
4. 表示コンテンツの更新・送出は弊社センターで行い、表示装置群の基本的な制御も弊社側で実施します。
5. 大型表示装置は高精細でかつ高輝度であることから遠距離での視認性に優れています。

6

平易に分かりやすく書く

システム・機器構成

7

運用体制

弊社画像センターが365日24時間体制で、貴社システムの運用を監視し支援いたします。

1. 営業時間に合わせたシステムの起動、停止処理。
2. 大規模災害発生時の災害モードへの変更。
3. 大型表示装置の周辺の顧客数とその属性の解析およびその結果に基づく表示の切り替え。
4. 新規の表示コンテンツの作成とご提案。
5. システム異常の早期検知と保守ご手配。

注記：弊社画像センターの操作に関わらず、貴社○○プラザ内に設置させていただく現地操作用パソコンで自由な操作が可能です。

8

リスク要素を敢えて示したほうが提案に安心感がでる

ご留意いただきたいリスク要素

1. 弊社画像センターと貴社プラザとの通信回線は二重化するなどの対策を講じておりますが、通信事業者での予期できない回線事故などによって弊社画像センターからのサービスができない事態が稀に想定されます。
2. 大規模災害が発生した際にも上記のような回線事故が発生して弊社画像センターからのサービスができない事態が想定されます。
3. 弊社画像センターは全国に2ヶ所設置されて相互に補完できるよう設計されておりますが、同時多発的な事故によりサービスを停止する事態が稀に想定されます。

9

弊社が想定する導入効果

分類	項目	推定値
増収効果	来場者の増加	年間○○○万人
	広告収入	年間○○百万円
節約効果	電力削減	年間○百万円
	人件費削減	年間○○百万円
その他の効果	大規模災害対応の避難誘導体制の完備	……………

大規模災害対応の避難誘導体制については他に様々な代替手段があるため、現時点では金銭面での定量評価をしていません。

10

初期費用とランニング費用(概算)

分類	項目	金額	小計
初期投資	システム改修費	○○百万円	○○○百万円
	ソフトウェア開発費	○○百万円	
	映像表示装置一式	○○百万円	
	その他工事	○○百万円	
ランニング費用(年間)	クラウド装置費	○百万円	○○百万円
	コンテンツ更新費	○百万円	
	保守費	○百万円	

●旧システムの撤去・廃棄費用は含みません。
●システム入替のスケジュールは別途協議とさせていただきます。
●また貴社指定表示コンテンツの使用料も含みません。

11

弊社からのお願い

弊社の新しい映像表示システムについてご提案をさせていただきました。貴社が運営される○○ショッピングプラザ様において多くのメリットがあると確信しております。

ご興味をいただければさらに詳細をご説明させていただきますので、なにとぞ貴社ご担当部門でご検討の上、詳細提案のご指示をいただきますようお願い申し上げます。

12

この提案の締めくくりとして相手先の企業に何をして欲しいのか率直にお願いする

顧客向け提案書の執筆のポイント

■顧客企業の意思決定者がターゲット読者で、意思決定の構造に注意が必要。特に意思決定者が役員クラス以上である場合は、意思決定補助者の存在に留意する

■自社の製品スペックを顧客のメリットに置き換えて説明する

■あれもこれもメリットを並べずに力点を決めてメリハリをつけて説明する

■顧客の困りごとを競合他社より先に発見するように努める

■バラ色のシナリオは読者に警戒されるので、リスク要素、自社の弱みも積極的に開示する

■顧客側での意思決定をしやすくするために、費用もメリットも可能な限り金額で表現する

3-7 プレスリリースを執筆するコツ

本節では、広報担当者と技術者が連携して執筆するプレスリリースについて説明します。新製品の発売に関わることもあるため、作成には営業担当者も関係してきます。

第２章で述べたように、プレスリリースは読む義務が全くない不特定の報道機関向けに出す文書であるため、書き方が相当に難しいものです。基本的には第２章の表 2-1 に示した執筆意図Ｆの文書で、事業部門から発信される製品・サービスに関わる発表と、研究所など事業部門以外から発信される新技術・話題に関する発表の２種類があります。

プレスリリースを出すことは社内的に「成果」のひとつと認められているので、技術者は前向きに取り組みます。ただし、注意が必要です。私もそうでしたが、初めてプレスリリースに関わる技術者は、他の技術文書と大きく異なる記述の仕方に驚くものです。

3-7-1 執筆意図：発表の内容によって二つある

広報活動という位置づけで、自社の新製品・新サービスを広くアピールする、もしくは、自社が開発した新しい技術などを紹介して技術力を宣揚することが最終目的になります。ただし、自社のプレスリリースを、潜在的な顧客や大学関係者などのターゲット読者層にそのまま読んでほしいのではなく、報道機関を通して新聞・雑誌などの媒体に掲載してもらって間接的にニュースを広めることが前提になっています。したがって自社のプレスリリースには、まず媒体でできるだけ大きく取り上げてもらう執筆意図が前提として含まれます。これを「連鎖的な情報伝達」と捉えれば、3-1 節で説明した週報の考え方に近い要素があると思います。**図 3-4** にこの情報伝達のイメージを示しました。最終的なターゲット読者が目にする文書は、記者が書く記事になるので、いかに記者に好意的に大きく取り上げてもらえるかが、最終目的の実現に大きく影響します。

図3-4　プレスリリースによる情報伝達の特徴

表3-11　プレスリリースは誰が読むのか

種類	主なターゲット読者	主な期待する行動
新製品・新サービス	潜在的な顧客、サプライヤー・代理店などの関係者	購入の検討など具体的な関与
新技術・発見・発明	大学関係者、官公庁関係者、潜在的な協力企業、その他オピニオンリーダー	協業の検討、補助金の検討、表彰へのノミネート

3-7-2　ターゲット読者

前項の執筆意図で紹介したように、技術者が関わるプレスリリースは、大きく分けて**表3-11**に示す2種類があります。それぞれ「誰が読むのか」というターゲット読者の設定と、執筆意図として期待する行動が異なります。まずは自分が執筆しようとしているプレスリリースは、どちらであるかをきちんと定義する必要があります。この違いを理解した上で、どのターゲット読者に何をしてもらいたいか、中心的な狙いをはっきりと定めましょう。

3-7-3　執筆の難易度

これまで繰り返し説明してきたように、プレスリリースは文書の末尾まで読んでもらうことがとても難しい文書です。しかも、情報伝達の途中に媒体の記者が入るため、必ずしも執筆者の言葉がそのままターゲット読者に届く訳ではないという特有の難しさも含まれています。

まずは記者に、プレスリリースの内容と価値を正しく理解してもらい、記事として取り上げてもらわなければなりません。このためには、記載内容の社会的な意義、技術の普遍的な価値などを平易な言葉で専門的な知識がない人でも理解できるように書くことが必要になります。実はこのことが、技術者にプレスリリースの執筆が難しいと感じさせる最大の理由だろうと思います。しかし、ここを突破さえすれば、あとはプロの記者が執筆者の意図を理解してさらに分かりやすくストーリーを展開してくれるので、報道機関という第三者が介在する安心感も加わって、ターゲット読者に期待する行動をしてもらえる可能性はとても高くなるのです。

第3章

3-7-4　最適な文書の分量

プレスリリースの形態によりますが、通常の発表ではA4用紙で2枚から3枚程度の文書に、プレゼンテーション形式の補足説明資料がつくスタイルが一般的だと思います。まずは控えめの分量の文書で記者の興味を惹き、詳しい情報はその後の補足説明資料で提供することが正しい対応の仕方です。記者も忙しいので、記事として取り上げる可能性がない文書を時間をかけて読んでいる暇はないはずです。まず記事にする判断をしてもらってから、詳しく情報提供をするべきです。

3-7-5　上手に書くためのコツ

これまで述べたように、プレスリリースは媒体を介してニュースをターゲット読者に届ける文書になるため、本書で取り上げる他の文書とは書き方が異なります。その違いを中心に、技術者がプレスリリースを上手に書くためのコツを（I）から（III）まで紹介します。

（I）　社会的な意義を考える（媒体に掲載されるためのコツ）

民間企業が自社の新製品や新サービスを広く世の中に知らせたいのであれば、本来的には新聞広告を出すかテレビコマーシャルを打てば良いのです。それをあえて新聞・雑誌の記事として掲載してもらいたいと考えてプレスリリースを書くわけですから、なぜ公器とも言われる紙面にその話題を取り上げてもらうのか、まずはその社会的な意義を執筆者側が考えなければなりません。

新製品・新サービスに関して、「○○株式会社がこんな仕様の新しい製品を発売しました」という話題だけでは、新聞のニュースとしてやや力不足だと思います。たとえば、荷物を素早く仕分けるロボットを新たに製品化したのであれば、「少子高齢化による労働力不足の切り札になる」という意義も併せて伝えるべきです。そうすれば、「これは凄い」、「確かに広く社会に伝えるべきニュースだ」として掲載される可能性が高くなります。

＜文例＞

【物足りないプレスリリースの文章（例）】

「○○株式会社が新しい自動荷捌き装置を発売しました。この装置は新しい○○技術を採用しています。」

【ニュース性のあるプレスリリースの文章（例）】

「○○株式会社が新しい自動荷捌き装置を発売しました。この製品が普及することで、少子高齢化による労働力不足の解消が期待できます。」

半導体製品、超高性能計算機などのように、その製品の存在自体が日本の産業競争力を象徴していて、競争力強化に貢献できるのであれば、その意義もニュースとして認められるでしょう。新製品・新サービスと関連する代表的な社会的意義を**表 3-12** 示しました。

一方で、新技術・発見・発明に関しては、その波及効果が重要です。こちらは本来ならば専門の学術雑誌に掲載されれば、専門家のコミュニティーには伝わるはずです。なぜあえて一般の新聞に掲載してもらう必要があるのか、その理由を執筆者が考えなければなりません。表 3-12 に示したように、「この新技術・発見・発明の情報を社会全体が共有する

表 3-12　プレスリリースの種類と社会的意義の例

種類	付与できる社会的な意義の例
新製品・新サービス	●少子高齢化による労働力不足、国民医療費の増大、巨大災害への備えなど近年の社会課題の解決策のひとつである ●今後の産業界が進む方向性を示している ●日本の産業競争力の強化に貢献する
新技術・発見・発明	●世界および日本の科学技術の進歩に貢献する ●早期の製品化が社会から期待されている ●日本の産業競争力の強化に貢献する ●科学技術の関係者に限らず社会的な波及効果がある

ことで実用化に向けた取り組みが早く進む」、「その結果として日本の産業競争力の強化に貢献する」、などの視点を示せると、ニュースとして取り上げてもらいやすくなると思います。

（Ⅱ）　最低限必要な情報は何なのかを考える（肝心の情報が欠落しないようにするコツ）

図 3-4 で説明したように、プレスリリースは途中に媒体の記者が入る間接的な情報伝達になるので、執筆者の執筆意図がターゲット読者に伝わりにくいという課題があります。媒体の性格にもよりますが、主に一般紙では、記者は技術的な興味ではなく、社会的な意義から記事を考えることが多いと想定されるので、プレスリリースの原文の内容がそのまま掲載されるとは限りません。むしろ原文に沿って掲載されることは珍しく、ほとんどの場合は内容が圧縮されます。したがって、あれもこれも原文に盛り込んでしまうと、肝心のことが記事から落ちてしまう可能性があります。

新製品・新サービスであれば、その最大の特長２点ほどと販売価格と発売開始時期を、新技術・発見・発明であれば、その技術の概要と今後の開発方針を、それぞれ必須な情報として際立たせるような工夫が必要です。**表 3-13** にプレスリリースの種類別に最低限必要と考えられる情

表 3-13　プレスリリースで最低限必要と考えられる情報

種類	最低限必要と考えられる情報
新製品・新サービス	●製品・サービスの特長 ●提供開始の時期、標準的に示せるのであれば販売予定価格 ●提供する相手方、対象 ●社会的な意義 ●問合せ窓口
新技術・発見・発明	●新技術・発見・発明の概要、何が凄いか ●応用を想定している産業分野、社会的な意義 ●今後の開発方針 ●学会発表など詳細な内容の公表予定 ●問合せ窓口

報を整理しました。

(Ⅲ)　中学3年生が理解できるように説明する（良さを誰にでも分かってもらうためのコツ）

プレスリリースはさまざまな人が読む文書です。最初の読者となって、記事として書き直してくれる記者も、近年は理科系の専門記者が増えたとは言っても、当該技術に関する専門知識はない可能性が高いと思わなくてはなりません。特に新製品・新サービスに関する発表は、そのサプライチェーンの関係者にも理解してもらう必要があるはずなので、ターゲット読者は技術者とは限りません。したがって、私は基本的な理科の知識として中学3年生が知っている範囲の表現で説明をすべきと考えています。技術者が特に注意すべきポイントを**表 3-14** にまとめました。

表3-14　プレスリリースで技術者が特に注意すべき記述のポイント

技術解説	学術論文、社内技術報告書などと全く書き方を変えて書くこと。原則は中学3年生が知っている理科の知識で分かるように書く。技術内容を詳細に説明する部分でも可能な限り高校生に分かるように書く。一般に知られていない用語を記載する場合は注記で説明すること。
形容詞	自画自賛とも受け取られる定義があいまいな形容詞の多用は文書としての信頼感を損なう可能性が高いのでできるだけ避ける。(たとえば最高性能、将来有望、急成長が期待される、低価格・低コスト、世界初・業界初、最先端など)
略語	技術者以外には一般的でない略語は避ける。ただし一般の新聞に掲載されている略語は説明すれば使用できる。(たとえば、LNG、4K/8K、IoT、AI、ARなどは最初に日本語で説明を付ければ使用できる)
単位	単位付きの数値表現はできるだけ避ける。必要な場合には一般に良く知られているものに限定する。どうしても特殊な単位の数値表現を使う場合は注記で説明すること。
業界用語	特定の業界ではよく使われているものの、一般的には知られていないいわゆる「業界用語」と思える用語は避ける。(たとえばオンプレ、POC、プロマネ、単結、静止器、SEMなど)

【文例 12】新サービスの提供開始をアナウンスした（株）東芝のプレスリリース

実例

技術報告書の例として示した**文例 9、10** の報告内容が実際のサービスとして事業化された際の実際のプレスリリース。

健康保険組合向け糖尿病重症化予防ソリューションのサービス開始について

2015 年 02 月 16 日

ここがニュースの中心です

当社は、糖尿病が重症化する可能性が高いハイリスク者（注 1）を抽出・分析し、その結果に基づく保健事業の立案、実行、効果検証までの PDCA サイクル全体を支援するサービスを健康保険組合向けに 2 月末日から開始します。
本サービスは東芝健康保険組合における実証成果に基づき、事業化したものです。

当社は保険者の健診データとレセプトデータを独自の手法により分析することで、糖尿病でありながら医療機関において十分な治療を受けていない、あるいは未受診であるハイリスク対象者を高精度で抽出する手法を開発しました。また、透析治療、インシュリン治療、投薬治療の治療ステージごとの状態の人数変動を確率として算出し、保健事業にかかる費用を算定する手法もあわせて作成しました。

さらに、開発した手法を適用し、健康保険組合と共同で糖尿病ハイリスク対象者の抽出および受診推奨などの介入を行う実証を実施しました。その結果、高精度でハイリスク者を抽出することで介入の効率性が高まり、約 90 %の介入対象者が治療を開始するとともに健診値の改善が確認できました。（注 2）

社会的な意義を示しています

厚生労働省は、全ての健康保険組合に対し、健康診査（健診）やレセプトなどの健康医療データの分析、それに基づく加入者の健康保持増進のための事業計画である「データヘルス計画」の作成・実施を義務化しています。そこで当社は、「データヘルス計画」を作成する健康保険組合を支援するための新サービスを開発しました。

当社は、まず糖尿病ハイリスク者分析から保険者向け保健事業支援サービスに参入し対象疾病を拡大していくとともに、地域包括ケアも見据えた事業へと積極的に展開していきます。

注 1：**保険者の加入者のうち、健診データに異常値があり医療機関で受診、治療を受けるべきであるもののそれを行っておらず、かつ重症化する可能性が高い人のこと。**
注 2：東芝グループ内において実証を行った結果によるもの。

1

新規な用語の定義をしています

■新サービスの主な特長

1. 糖尿病治療ステージおよび受診の有無の評価を実現
　レセプトに記載されている処方薬の薬効分類、処置の情報を解析することで、糖尿病の治療ステージを特定する技術を開発しました。これにより糖尿病の治療目的で受診が行われた時期、回数を正確に把握することが出来ます。

2. ハイリスク者を高い精度で抽出
　健診データとレセプトデータを時系列に突き合わせたデータベースを構築し、上記1の解析技術を適用することで、健診でHbA1c値（注3）が確認された時期と糖尿病治療ステージとその受診状況を可視化する技術を開発しました。これによりいつ受診を開始したか、受診を中断したかなど状況が明らかになり、客観的かつ高い精度で抽出が行えます。

注3：**ヘモグロビン　エーワンシー。血液中の血糖状態を表す数値**

一般的ではない専門的な用語の解説をしています

3. 投資対効果の評価を実現
　治療ステージと検査値を基に「受診中断」「投薬治療中」などといったステータスを定義し、加入者各人の年度ごとの変化を評価しました。これを母集団全体に展開し、経年で各ステータス間をどのような確率で遷移してきたのかを算出する技術を開発しました。本技術を利用することで受診勧奨のような介入行為がどのように影響して医療費の削減につながるのかを評価できます。

■本サービスに関するお問い合わせ先：
○○○○社　○○○○営業統括部　TEL：△△（△△△△）△△△△

2

出典：2015年02月16日付け　株式会社東芝　プレスリリース

【文例 13】新材料の発見についてアナウンスした（株）東芝のプレスリリース

実例

文例 1 で示した週報を、その後プレスリリースにした実例。発表の翌日には日刊工業新聞にも掲載された。

二酸化炭素を吸収するセラミックスの開発について

ここがニュースの中心です。
専門用語を避けて可能な限り平易な表記にしています

1998 年 4 月 23 日

当社は、450～700℃の温度範囲で二酸化炭素に接触すると化学反応を起こし、体積の約 400 倍の二酸化炭素を吸収することができるセラミックスを開発しました。

今回開発したセラミックスは、二酸化炭素吸収能力に優れたリチウムジルコネートを吸収材として採用しており、従来の吸収材の 10 倍以上の二酸化炭素を吸収することができます。また、高温のガスと接触させるだけで化学反応を起こし、ガス中の二酸化炭素を炭酸リチウムという液体の形で多孔質のセラミックス中に吸収します。このため、化学反応を起こすための複雑な装置は必要がなく、低コストで高効率な二酸化炭素吸収システムを構築することができます。

さらに、セラミックスの特質である高温環境下での耐久性にも優れており、従来は不可能だった高温・高圧ガスからの二酸化炭素の分離を可能としました。

二酸化炭素を吸収したあとは、本吸収材を再加熱すると二酸化炭素が放出され吸収材としての性質を取り戻すので繰り返し使用することができます。

今後は、更なるコスト低減や再利用時の吸収率維持などの課題を克服し、火力発電所などの各種プラントや自動車など二酸化炭素の大量の発生源へ適用することにより、高温ガスに含まれる二酸化炭素の直接吸収などへの実用化が期待されています。

なお、当社は本吸収材を 5 月 4 日より米国・サンディエゴにて開催される「米国電気化学会第 193 回大会」にて発表する予定です。

社会的な意義を示しています

■開発の背景

わが国の二酸化炭素排出量は年間約 3 億トンに上っていますが、二酸化炭素の排出量削減は、昨年 12 月に開催された COP3 で国際公約が合意されたように、国際的、社会的に大きな課題になっています。

このような背景から、わが国でも地球環境保全の最重要項目として二酸化炭素排出量削減問題に取り組んでいます。

現在二酸化炭素削減に向けて、分離・回収、固定化、再利用技術など、幅広い研究が推進されています。特に吸収・固定化技術としては、物理吸着法や膜分離法、化学吸収法など様々な技術開発が進んでいますが、吸収材の体積当たりの吸収率の向上と低コスト化および材料の長寿命化が課題となっています。

今回当社はこうしたニーズに対応し、リチウムジルコネートを吸収材として採用することにより、体積当たりの吸収率に優れ、材料コストやシステム構築コストを低く抑えられると同時に、高温・高圧での適用に適した二酸化炭素吸収材を開発したものです。

1

冒頭部分よりもやや詳しく技術を説明。
高校の化学の知識で分かるように工夫している

■本開発品の主な特長

吸収材として、二酸化炭素との反応度が高いリチウム原子をジルコネート酸化物に組み合わせたリチウムジルコネートを採用することにより、反応性を向上させ吸収材体積の約400倍の二酸化炭素吸収を実現しました。なお、この化学反応の化学式は以下の通りです。

$$Li_2ZrO_3 + CO_2 \Leftrightarrow ZrO_2 + Li_2CO_3$$

（リチウムジルコネート＋二酸化炭素⇔ジルコニア＋炭酸リチウム）

吸収材をセラミックスとしたことで、利用可能な温度範囲を450～700℃まで拡大しています。これにより、従来の吸収材では不可能であった高温・高圧での使用を可能とし、火力発電所などの二酸化炭素の大量発生源での適用への道を開きました。

この吸収材は、約700℃を境としてリチウム原子が酸化物の粒子から出入りし、これにより二酸化炭素の吸収と放出が繰り返されるので、吸収材のリサイクルが可能になります。また、二酸化炭素を吸収した状態でも、安定なセラミックス（ジルコニア）の粒子が骨格として残るため、繰り返し使用の吸収率の劣化を抑えることができます。

2

出典：1998年4月23日付け　株式会社東芝　プレスリリース

【文例14】　実例

- 文例13のプレスリリース発表の翌日に掲載された1998年4月24日付けの日刊工業新聞の記事。
- プレスリリース原文の冒頭部分が見出しに使われている。
- 肝心の情報は欠落することなくすべて掲載されている。
- プレスリリース原文よりも詳しい内容が掲載されていて、記者会見時の補足資料も参照されたことが分かる。
- 特に将来の応用イメージが具体的に詳しく記載されていて、どのように応用されるかという点

体積の400倍CO2吸収

東芝が新セラミックス

再利用可能

経済を変えるエコロジー

東芝は四百五十―七百度Cの高温で二酸化炭素（CO2）に接触すると化学反応を起こし、体積の約四百倍というCO2吸収力を持つセラミックスを開発した。七百度C以上になるとCO2の放出を始める。吸収と放出を繰り返すのでリサイクルが可能となり、劣化することなく百回は繰り返し使える。

大きい吸収力、高温・高圧での吸収といったこれまでにない特性から、火力発電所や各種プラント、自動車などCO2を大量発生する産業用向きの化学吸収材として、九九年度に実用化サンプルを出す。

このセラミックスは、CO2との反応度が高いリチウム原子をジルコネート酸化物に組み合わせた多孔質の「リチウムジルコネート」。高温のガスと接触するだけで化学反応を起こし、ガス中のCO2を炭酸リチウムという液体の形で吸収する。

CO2が二〇%のガス雰囲気実験データでは、温度が四百五十度Cに達すると急速にCO2を吸収し始め、重量が増える。CO2はどろっとした液体状で吸収材の表面に出てくる。CO2を吸収した後、七百度C以上に再加熱するとCO2を放出し、吸収材としての性質を取り戻す。

仮に出力三十万キロワットの火力発電所のCO2を一〇〇%吸収するには四百三十五トンの吸収材が必要（投資額は約六億円）。CO2六%削減なら二十五トンで済むという。化学反応を起こすための特別な装置が不要で、今後は長時間繰り返し寿命、体積吸収能力の向上など低コストのCO2吸収材として実用化を急ぐ。

1998年4月24日付け　日刊工業新聞

に当時の担当の記者の関心があったものと推察している。

プレスリリースの執筆のポイント

- 事業部門から発信される製品・サービスに関わる発表と、研究所など事業部門以外から発信される新技術・話題に関する発表の２種類がある
- 社会的な意義を込めて書く
- 中学３年生でも理解できるように専門用語をできるだけ使わずに書く

3-8　人事関係の推薦書を執筆するコツ

ここでは技術者が上司として、部下の人事に関わる推薦をする文書について説明します。まずは賞与および年間業績の評価で、高い評価をつけた技術者についてその理由を説明する文書があり、一般者から主任級の役職に昇格させる際や、主任級から課長級に昇格させる際などに執筆する昇格の推薦書もあります。さらには重要なポストに就けるための異動の推薦書もあると思います。

ターゲット読者は執筆者の上位者であり、全体的な調整をする人事部門の責任者とスタッフも含まれます。他の文書であれば同期の友人や部下に見てもらって意見を聞くこともできますが、この文書に限ってはそうはいきません。いずれも人事に関わる文書であることから、執筆者が他人の力を借りずに自力で執筆せざるを得ないという独特の難しさを持っています。このため、執筆者の腕前の差がまともに出る文書であると言えます。賞与の金額のみならず、役職の昇格のスピードまでを左右する可能性がある文書ですので、それを執筆する上司の責任は重大です。部下の会社人生を左右するつもりで書いていただきたいと思っています。ここではそのための必勝テクニックを説明します。

3-8-1　執筆意図：序列争いで部下を勝たせること

前述のようにさまざまな種類の文書がありますが、執筆意図はほぼ同じです。この種の文書の目的は、とにかく序列争いという競争で勝つことです。あなたが推薦したあなたの部下を、他の部門から推薦された人物よりも上位に格付けしてもらうことが目的です。

3-8-2　ターゲット読者

前述のように、基本的には執筆者自身の上位者と人事部門の両方がターゲット読者です。ただし、年間業績の評価などで人事部門に一定の権限がある場合は、人事部門の責任者に重心を置いたほうが良いと思います。また、会社にもよると思いますが、昇格の推薦書、異動の推薦書の場合は、人事部門よりも部長・事業部長・社長といった管理ラインに権限があると想定できるので、上位者に重心を置いたほうが良いと思います。人事部門に重心を置いて書く場合には、難しい技術の説明をしても理解されない可能性が高いので、3-7 節のプレスリリースで述べたように、技術に関しては中学 3 年生に分かるように書く必要があります。

3-8-3　執筆の難易度

第 2 章で述べたように、この種の推薦書は、とりあえず最後まで読んでもらえるはずなので、最後まで読んでもらう難易度は高くありません。その一方で、結論に納得してもらう難易度は比較的高く、以下の順に難しくなります。これは、図 2-5 に示した記述の対象とする時間の範囲の影響であって、右に行くほど不確実な未来の出来事を説明する文書になるからです。

【易】　賞与評価 < 年間評価 < 昇格評価 < ポスト選抜　**【難】**

3-8-4　最適な文書の分量

候補者が多い場合は、多数の推薦書が集まることから、いずれの文書も長く書くことはできません。賞与評価・年間評価の推薦書では、ひとり当たり5〜6行程度で語りきらなければならないと考えています。より慎重な検討が必要な昇格評価、ポスト選抜でも推薦書はA4用紙で1枚が限界だと思います。

3-8-5　上手に書くためのコツ

3-8-1項の執筆意図で述べたように、被推薦者を競争で勝たせるための文書です。顧客向けの提案書で競合他社がいる場合と同じだと考えてください。文書ににじみ出てくる推薦者としての覚悟が見られるので、文末に「…と思われる」「…期待される」「…と推察する」などの表現を使うと、遠慮がちに推薦しているように感じさせてしまいます。何としても推薦したいのであれば、執筆者として自信を持って断言しなければなりません。勝つための具体的なテクニックを以下で説明します。

（Ⅰ）まずは過去の実績を客観的に証拠で示す

とにかく過去の実績が全くの拠り所です。ここで負けてしまうと将来の期待がどんなに見事に説明されていても絶対に競合に勝てません。製品につながった開発実績や技術者としての表彰案件など、会社の業績に貢献した成果を中心に、誰もが否定のしようがない客観的事実を定量的に記載するのが原則です。研究所などの若手で、事業に直結する成果が未だ出ていない場合は、いかに業界で注目される技術者・研究者であるかを定量的な研究成果から説明しても良いと思います。業務に対する姿勢、リーダーシップなど定性的な賞賛はどの上司も書いてくる内容なので、オマケ程度には書く必要はありますが、勝負の決め手にはなりません。むしろ、この定性的な賞賛しか書かれていない場合は「それしか書くことがない人なのね」と思われてしまいます。

（Ⅱ）将来の期待を具体的に示して断言する

賞与評価以外の年間業績評価、昇格評価などでは、将来に向けた期待をこめて評定すると私は理解をしています。したがって、被推薦者を将来このように活用したいから「良い評価にするべき」、「昇格をさせるべき」、というロジックにする必要があります。このためにはおおむね3年程度先の活用プランを具体的に示さなければなりません。

たとえば主任級の技術者を課長級に昇格させるのであれば、「来年には○○グループのグループ長にする予定があるので今年昇格させなければならない」などと切実さを醸し出して書くと効果的です。極端な例では、「プロマネとして大活躍中の我が部のエースを今年昇格させないと他社に引き抜かれるかもしれない、そうなったら大損失である、責任とってくれるのか」など、そのくらいの迫力で緊急性をアピールして優先順位を上げる作戦もあります。とにかく具体的であることが重要で、「いずれはリーダーとして活躍しそう…」などと記載してはいけません。

（Ⅲ）ターゲット読者の印象に残るようにする

人事部門は人材を扱うプロなので、驚くほど広範に社員の名前と顔、そして個人ごとのパフォーマンスを暗記しています。しかし、若手の場合は候補者が多数で、特に直近の転入者などでは人事によく認識されていないケースもあるようです。一方で、管理ライン側で部長よりも上の部門長の場合は、人によりますが、担当者クラスまで完璧に顔と名前を一致させることができる人は少ないと思います。このような前提で、私は若手の昇格の推薦文には社内とはいえ顔写真を貼りこむようにしています。本来は、書面の記述だけでターゲット読者を納得させるべきではありますが、顔を知っているかどうかで理解が大きく変わる現実も重視しているからです。ターゲット読者が被推薦者の名前にピンとこなくても、顔写真を見て「あっ彼か」というように感じてもらえれば、顔を思い浮かべずに判断されることに比べて、若干有利になると思っています。

第3章

(Ⅳ) 推薦順位を付けて多めに推薦する

多くの会社では昇格できる人数には上限の枠があって、部長であれば自部署に割り当ててもらえそうな数はおおむね予想ができると思います。そこで、たとえば自部署への割り当て予想が１名もしくは２名だという状況になったときに、読者のみなさんがこの部長であったとしたら何人を推薦するでしょうか。

私だったら４名に推薦書を書いて推薦します。確かに２名分は無駄になる公算が高く、推薦書を書く手間を考えてしまうのですが、決して無駄にはなりません。下位の２名は、仮に今年は昇格にならなかったとしても、来年には昨年に続いて２度目の申請で「今度こそよろしくお願いします」と言うことができます。また上位の２名は下位の２名がいることで、より選ばれた候補者という印象を強くすることができます。どちらにとっても悪いことはないので、落選を覚悟で手間を惜しまず、どしどし推薦したほうが良いでしょう。

ただし、推薦の順位によって（Ⅱ）で述べた断定的な表現を使い分けるようにすべきです。下位の推薦者まで断定的な表現を多用すると、上位者の推薦書の価値が下がってしまいます。ベテランの部長は、推薦の序列を伏せて本文だけを読んでも序列が分かるように、**表 3-15** に示した推薦表現を微妙に使い分けています。

表 3-15　推薦書での推薦表現の書き分け例

強い 推薦表現の例	● 昨年発売した○○の開発サブリーダとして製品化スケジュールのキープに貢献した。 ● ○○製品の開発を責任者として実行し、売上予算○○億円の達成に貢献した（○○年度業務表彰業績賞）。 ● 来年 4 月に○○○グループ長に起用することが内定している。 ● 問題発見能力とそれを解決する行動力に卓越したものがあり、社内外で強く信頼されている。 ● 今年度○○学会から○○○賞を受賞するなど学会および産業界からもその独創性が認められている。 ● 単に当部における優秀者ではなく、全社で活用が期待できる大型管理職の候補である。
弱い 推薦表現の例	● ○○事業部のリードタイム短縮活動でメンバーとして活躍した。 ● 担当する納入業務○○件を遅滞なく完遂した。 ● 将来的に管理職としての登用を考えている。 ● 課題解決能力に優れて社内での人望が厚い。 ● 業務の正確性に定評があり安心して任せることができる。 ● 社内技術報告書を○○件執筆しており○○分野における社内的な権威として信頼されている。 ● 当部の中核的人財として活用してゆく。

【文例 15】主任級専門職から課長級専門職への昇格推薦書の例 創作

特に書式指定がない前提で、執筆者が独自のフォーマットで昇格をアピールする文書の一例。この例で、被推薦者はいわゆる専門職であると想定しており、昇格させないと他社に取られてしまうかもしれないという危機感を推薦文の中で醸し出している。推薦順位が４名の中で第１位と設定しており、全体を強い推薦表現でまとめていることに注意していただきたい。

○○○○部　昇格推薦書

推薦役職　課長級専門職
推薦順位　１位／４名　　　被推薦者　○○○○さん（○○歳）

推薦理由（要旨）
○○年に入社以来、○○一筋に研究開発を進めてきた。○○年に自らが原理を発見した○○○の開発では、事業部に異動してプロジェクトリーダーとしてその製品化までのプロセスを完遂した。○○年に現職に復帰してからは新たな○○製品の開発に着手。○○年からは研究チーム○名のリーダーとして事業部と一体となって開発を進めている。問題発見能力とそれを解決する行動力に卓越したものがあり、社内外での信頼が厚い。○○年度に○○協会から○○○○賞を受賞しており社外から注目される技術者となっている。このような社外からの大きな注目を考慮すると、今年度に課長級専門職に昇格させて相応の処遇にしておくべきであると考え、昇格を申請するものである。将来的には当社を代表する大型専門職に任命したい。

直近６年間の成果とアピール点
(1)　○○○○の開発（○○○○年から○○○○年）
自らが原理を発見して企画した○○○の開発。事業部に移って量産プロセスを立ち上げ月産○○トンを生産するに至った。この成果は○○年度に○○○○協会から技術進歩賞、○○年度に第○○回　○○○発明賞を受賞する理由となり、学会および産業界から広く独創性が認められている。

(2)　○○○○の開発（○○○○年から○○○○年）
—中略—

(3)　○○○○の開発（○○○○年から○○○○年）
—中略—

社外表彰歴
○○○○年度　○○○○協会　技術進歩賞を受賞
○○○○年度　第○○回　○○○発明賞を受賞
○○○○年度　第○○回　○○○賞　功績賞を受賞

成果物の件数
・特許出願数：　○○件（うち国内登録特許○○件、米国特許登録○○件）
・国内学会発表数：　○○件
・国際学会発表数：　○○件
・論文掲載数：　○○件

業務に関係する資格・免許
○○○○年　○○作業主任者
○○○○年　○○種衛生管理者

人事関係の推薦書の執筆のポイント

■人事に関わる文書であることから、執筆者が他人の力を借りずに自力で執筆せざるを得ないという独特の難しさがある。そのため執筆者の腕前の差がまともに出る

■執筆する上司の責任は重大で、部下の会社人生を左右するつもりで書くべき

■この文書の執筆意図はとにかく序列争いという競争で勝つことである

■執筆者自身の上位者と人事部門の両方がターゲット読者となる

■候補者が多く多数の推薦書が集まることから、いずれの文書も長く書くことはできない。最大でA4で1枚まで

■会社の業績に貢献した成果を中心にまとめる。若手の場合は、定量的な研究成果から説明しても良い

■3年程度先のプランを具体的に示す。「…活躍しそう」などの曖昧な表現はしない

3-9 文書別テクニックのまとめ

読者へのお願いが違うだけ

本章ではこれまで「週報」、「議事録・出張報告書」、「技術報告書・学術論文」、「開発提案書」、「予算計画書」、「顧客向け提案書」、「プレスリリース」、「人事関係の推薦書」の８つの種類別に執筆するコツを説明してきました。それぞれ文書の名称から考えると全く違うように思える文書ですが、執筆意図、ターゲット読者、執筆の難易度などという視点は共通で、執筆者から読者へのお願いの種類が違うだけなのです。文書の分量も技術報告書だから長く書くものでもなく、顧客向けの提案書だから短く書くものでもないのです。極論を言えば、読んだ後に読者に何をしてもらいたいのか、というお願いの種類と、ターゲット読者の性質によって決まるので、文書の名称はどうでも良いのかもしれません。

最初に執筆意図を決める

これからこれらの文書の執筆に取り組む若手の技術者のみなさんは、書こうとしている文書の名称にとらわれることなく、「読者にどんなお願いをする文書を書くのか」という執筆意図をまず気にするようにしていただきたいと思います。そのように意識していただくと、現在は難易度の低い週報・議事録を書いていても、それが次のステップで書くことになる「開発提案書」、「顧客向け提案書」、「プレスリリース」などの難易度の高い文書の練習になるのです。これは週報だからまあどうでもいいよ、これは議事録だから先輩の真似をしておけばいいよ、などと考えていると、せっかくの執筆機会を無駄にしてしまいます。

執筆機会

私の直観的なイメージに基づいて、**表 3-16** に中堅クラス以上の技術者が 10 年間に得られるはずの執筆の機会の回数を文書別にまとめてみ

表 3-16　技術者が 10 年間に得られるはずの執筆の機会推定[注1]

文書の種類	総合難易度[注2]	10 年間の執筆機会[注3]	備考
週報	1〜2	約 480 回	技術者全般での想定
議事録	1〜2	100 回〜200 回	技術者全般での想定
技術報告書	3〜4	10 回〜20 回	研究所、事業部技術部を想定
学術論文	3〜4	5 回〜10 回	研究所を想定
開発提案書	3〜4	5 回〜10 回	事業部技術部を想定
顧客向け提案書[注4]	4	10 回〜20 回	事業部技術部を想定
プレスリリース	4	約 3 回	研究所、事業部技術部を想定

注 1　予算計画書、人事関係の推薦書など特定の職務と関係している文書は除外した。
注 2　第 2 章の表 2-5 から転記した。
注 3　筆頭著者として中心的に執筆する回数を想定した。
注 4　内容が違うものを執筆する回数を想定した。再利用は含まない。

ました。第 2 章で説明した文書別の総合難易度も併記しています。ここから、「開発提案書」、「顧客向け提案書」、「プレスリリース」などの難易度の高い文書を執筆する機会は、会社生活の中で意外に少ないことが分かります。野球にたとえれば、一打席を大切にしてクリーンヒットを打つつもりでいないと、気が付いた時には試合が終わっていた、ということになりかねません。

執筆機会を逃さない

執筆機会が少ない文書であっても、上手に書けるようにするためには、執筆機会の多い週報、議事録などで普段からよく考えて執筆することが大切です。3-4 節でも述べたように、たとえば開発提案書は、開発企画会議の議事録と強い関連性があります。また、**文例 12** に示した新サービスの提供開始のプレスリリース文には、**文例 2** の週報や**文例 9** と**文例 10** の技術報告書と同じ「糖尿病重症化予防サービス」の内容が記載されています。

　このように、同じ話題が仕事の進捗と共に執筆意図とターゲット読者を変えて何度も登場してくるのです。ぜひ、内容の関連性も利用して、執筆機会の少ない文書の執筆機会が巡ってきた時にその機会を確実に捉えられるように備えていただきたいと思います。

第4章 読みやすくするために執筆を始めてからすべきこと

執筆方針と詳細設計が定まって実際に文書を書き始める段階で、文書の出来栄えは7割近く決まっていることになります。ここまでのステップがきちんとできていれば「意味不明型」「自己満足型」の文書になってしまう心配はありません。この章では、「恥かき型」にならないように注意をしながら、読み手に安心感を与える格調ある文書の仕立て方について簡単に解説します。

4-1 まずは恥をかかないための注意

執筆の作業で意外な落とし穴になるのが、表記ルールに関わるミスです。執筆に熱中するあまりについ注意がおろそかになるケース、そもそも執筆者が表記ルールを軽視しているケースなどがありますが、特に社外に出す文書ではこの表記ルールに徹底した注意が必要です。

学会誌などへの論文投稿を経験できるかは担当業務の性質によるので、私はこの経験の有無を執筆能力と結びつけるつもりは全くありません。しかし、表記ルールを意識するかどうかに関しては、学会誌などへの論文投稿の経験が大きく関係してきます。

学会誌にはそれぞれ投稿規定があり、掲載される論文はその投稿規定に沿った書式であるかが厳しく問われます。私も経験しましたが、初めての論文の投稿ではレフリーと呼ばれる覆面の査読員から、書式のミスを徹底的に指摘されるものです。これは当該学会誌の分かりやすさ、正確さに貢献する一種の儀式であると理解しており、大学関係者、学会誌の査読員経験者であれば骨の髄に染み込むほど徹底されています。技術の世界のしきたりであるので、是非を論じる余地はないと理解いただきたいと思います。

したがって、客先など社外に文書を提出してその相手方の読者にこのような人物がいた場合は、本能的に「査読」されてしまい、執筆者本人の論文執筆経験からその上司の指導レベルまでが値踏みされます。このようなことで、苦労して執筆した文書の価値を疑われるのは大変にもったいないことなので、ぜひ以下の点に注意いただきたいと思います。まずこれらに注意していただければ、書式の面で軽く見られることはないはずです。

4-1-1　単位の表記

技術者が単位を正確に表記できないことは最も恥ずかしいことです。**表 4-1** に示す単位の本体である「単位記号」と、10 の整数乗倍を表す「接頭語」の区別を明確にすること、それぞれの大文字と小文字の区別に細心の注意を払うことが大切です。私が査読する文書の中では、10の3 乗を示す接頭語の「k」が、大文字で表記されている「Km」「KW」などをよく見かけます。大文字の K は単位記号のケルビンを意味しているので、これは明らかな間違いです。

表 4-1　代表的な単位記号と接頭語[6, 7]

単位記号	m（メートル）、kg（キログラム）、s（秒）、A（アンペア）、K（ケルビン）、Hz（ヘルツ）、N（ニュートン）、W（ワット）など
接頭語	P（ペタ、10^{15}）、T（テラ、10^{12}）、G（ギガ、10^{9}）、M（メガ、10^{6}）、k（キロ、10^{3}）、m（ミリ、10^{-3}）など

4-1-2　有効数字

執筆をしながら有効数字を意識しておくことも大切です。特に最近は表計算ソフトなどで自動計算されるケースが多く、間違いが起きやすくなっています。図表類を転記する際に「この計算の有効数字は？」と改めて考え、以下のような誤表記がないか注意してください。

例 1）17.0＋150＋12.24＝179.24　　　　と表記していないか。

例 2）3.04×34.61×0.56＝ 58.920064　　と表記していないか。

※正解はページ下

4-1-3　グラフの表記

グラフについても、表計算ソフトが自動作成することが多く、学会誌などの正式ルールに反したグラフをよく見かけます。表計算ソフトのグラフは一般的な設定では正式ルールに則ったグラフにはなりません。データ点のシンボルの大きさと種類の選択、シンボルをつなぐ線の引き方で、執筆者が正式な工学教育を受けたかどうかを判断されるといっても過言ではありません。注意が必要です。**図 4-1** を参照して、特に以下の点に注意してください。

①　軸目盛

すべてのデータ点を表示できて余白が出来ないような区間（スケール）を選択し、始点と終点を明確に等間隔で数値を表示する。縦軸の単位は下側から上に向かって横書きで書く。

②　データ点

データ点のシンボルとして○●□■◇◆△▲などを用いて、データの測定精度も考慮した大きさでデータ点の中心に描く。通常はシンボルとして「×」は用いない。

③　データを繋ぐ線

データを繋ぐ線は、執筆者が横軸と縦軸の間にどのような関係があると理解しているかの解釈を示すものである。継続して起きている現象の測定値であれば、原則として線形を含め近似曲線を描くのが正しく、折れ線グラフになることは極めて稀である。

答え　例 1）179　最も大きい有効桁位が 150 の 1 位なので 1 位に丸める
　　　例 2）　59　最も小さい有効桁数は 0.56 の 2 桁なので有効桁数 2 桁に丸める

第4章

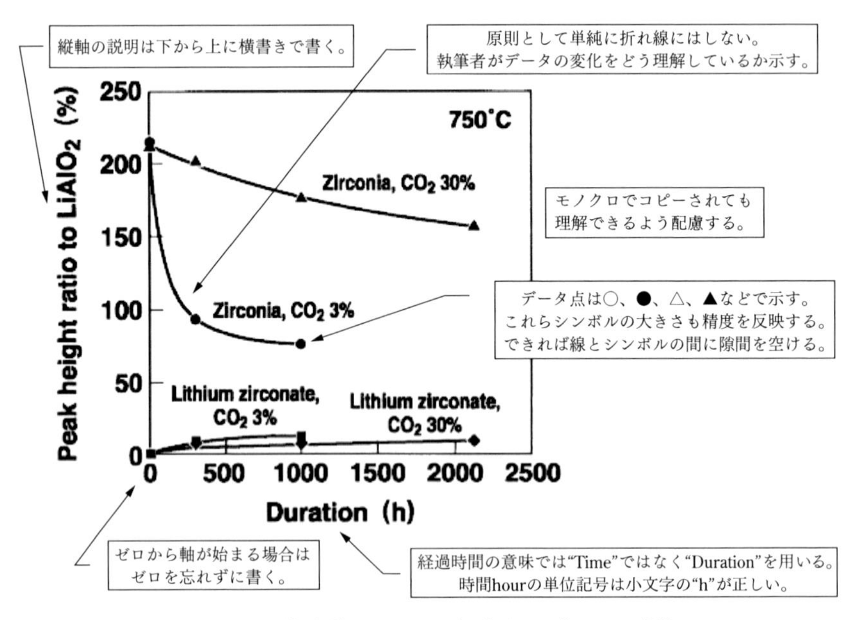

図 4-1　学会誌ルールに合致するグラフの例[8]

4-1-4　英文表記のルール

英語で執筆する場合は、日本語の全角フォントと異なる細かな表記のルールがあります。本文は日本語でも、図表などで半角文字を用いた英文表記をする場合は、この英文表記のルールを尊重しておいたほうが無難です。このルールを知らないことが露呈すると、「私は英語で技術文書を書いたことがない国内専業の技術者です」と自己紹介していることになるので、執筆者として気持ちの良いことではありません。

① 空白の挿入

文末のピリオドの後に空白が入るのはよく知られていますが、それ以外にも空白が必要な個所がたくさんあります。特に、数字と単位との間の空白は忘れがちですので注意が必要です。

以下で"␣"を置いて示した個所がルール上で必要な空白です。

・コンマの直後

As this figure shows,␣the sample has・・・

・省略を表すピリオドの直後

Fig.␣2、K.␣Nakagawa

ただし、もともとひとつの意味を表す場合は「U.S.A., Ph.D.」のように不要となる。

・数字と単位の間

20␣mm、8␣J、273␣K、900␣Pa

ただし、%、℃、などのように文字以外の記号を含む単位では「8%、500℃」のように空白を入れずに続けて書く。

・カッコの前後

The dynamic random access memory␣(DRAM)␣is a semiconductor device which …

② ハイフン、ダッシュ、マイナス記号の使い分け

単なる横棒ではありますが、実はフォントごとにさまざまな種類があります。見た目はほとんど変らないので混用されがちですが、本来は別物なので少なくとも以下の4種は違いを認識しておく必要があります。

ハイフン（-）　　：単語と単語または単語の要素と要素をつなげる

2分ダッシュ（–）：en ダッシュともいう。数字の間に用いて範囲を示す。
　たとえば10から20と言いたいときは“10–20”のように用いる。
　日本語の「波ダッシュ～」は英文表記では用いない。

全角ダッシュ（—）：em ダッシュともいう。文章と文章を分ける。括弧のように対で囲んで説明や副題を表す。

マイナス記号（−）　：数学記号。これを用いた“10−20”は“−10”である。

③ コンマ、セミコロン、コロン、ピリオドの使い分け

これらの使い分けも日本人としてはなかなか難しいのですが、基本を理解すれば違いを理解できると思います。これらも我流で混用されている

原稿がよく見られます。

・コンマ（, ）

最も分離力が弱い。3つ以上の名前や語、句が並べられる場合、または文の中で句や節を明示して記述内容を明確化する際に活用する。

例1　Tokyo, Osaka, and Nagoya

例2　We assembled the cell, connected it to the circuit, and evaluated its performance.

・セミコロン（;）

コンマの次に分離力が弱い。独立した文章であるが関連性が強い2つの文章の間でピリオドの代わりに使う。コロンの後に列挙する項目が多数ある場合に区切りとして用いる。

例1　The amount of gas absorption can be evaluated utilizing thermogravimetric measurements; this method is particularly easy ….

例2　Gas A, containing CO_2 20%, balanced by air; Gas B, containing CO_2 20%, balanced by N_2; Gas C, containing CO_2 40%, balanced by H_2.

・コロン（:）

ピリオドの次に分離力が強い。別な文章ではあるものの、後ろの文が前の文を補足説明するような場合でピリオドの代わりに用いる。説明文の後に関連項目を列挙する場合に“that is”の意味合いで区切りとして用いる。

例1　The first experimental attempt was presumably failed: there were some problems in the sample treatment process.

例2　We prepared three kinds of samples: sample A treated at 400℃, sample B treated at 500℃, and sample C treated at 600℃.

・ピリオド（.）：

最も分離力が強い。文章を区切る。

4-2 格調を高くするためのテクニック

日本語は他の言語と比べると、口頭語と書面語の区別が少ない言語であると、私は考えています。友人などと飲み会で話している場面などを除くと、職場での会話がそのまま文書になっても違和感が少ない言語です。これに対して英語、中国語など外国語の文書では、口頭語と書面語の違いがそもそも単語の選択から鮮明です。

たとえば英語の論文で、「得る」という意味での get、「作る」という意味での make、「大きい」という意味での big, bigger, biggest、文頭の but はほとんど使用されません。それぞれ代わりに obtain, generate/manufacture, large, however が用いられる習慣があります。本書では言語に固有の解説はしない方針ですので、英語の記述を例として、より文書らしい文章を書くコツについて簡単に説明します。

4-2-1 単語の選択

前述のように英語ではそもそも、論文で用いられる単語は日常会話で用いられる単語とかなり異なります。これを大雑把に解説すると、読者の誤解を避けるためであると思います。たとえば英語で“make”と書いても assemble, build, construct, create, fabricate, generate, manufacture, prepare, produce, provide などのさまざまな意味が包含されていて、執筆者と顔を合わせるとは限らない文書では誤解を招く恐れがあります。このために、文書の英語では複数の意味を包含する単語を避けて、より意味の範囲が狭い単語を好んで使う習慣があるのです。

この習慣は日本語の文書においても参考になります。たとえば、日本語の文書によく登場する「分かった」は、「すでに世間的には知られていたが執筆者だけが初めて理解した」という意味なのか、「全世界的に知られていないことが世界で初めて明らかになった」のか、意地悪に考えれば解釈に相当な幅が出てきます。もし後者に近い意味で用いるのであれば「明らかになった」のほうが、より誤解が少ない表現であると考えています。

同様に日本語で「行う」「作る」「得る」「ある」などの単語も、文脈によっては解釈に幅が出る単語であるので、可能な限り意味が特定できる単語に置き換えたほうが読者に迷いを与えない文書にできると考えています。

4-2-2　人物でない主語の活用

よく知られているように、日本語の文章は述語が中心なので、欧米系の言語でいうところの「主語」をあまり意識せずに日本人は文書を作成していることが多いと思います[9]。たとえば「本実験によって、以下の知見を初めて明らかにした。」と、主語が無い文章を意識せずに書いています。これは日本語の便利な点でもあるのですが、主語を意識しない日本人が英語などの主語を必須とする外国語で書こうとすると、何を主語にしようかと戸惑ってしまう原因でもあります。

論文など通常の技術文書ではI, Weなどの人称代名詞はあまり主語として用いられないため、悩んだ末に「It is understood that」であるとか、「These results were confirmed」のような受動態を多用する結果になりがちです。この悩みを打破するコツは、人物以外の主語を活用することです。たとえば、「今回の一連の実験が○○○○という事実を明らかにした」、「実験データは○○○と△△の間に□□関係があることを示している」、「◇◇ストレージシステムがデータを保管する」などのように書くと能動態で表現できます。

このコツは、英語に限らず日本語などのどの言語でも文章の書き方に自由度を与えて、要所で活用すると文書に力強い印象を持たせることができると思います。どの言語で執筆するかに関わらず、この人物でない主語の活用をぜひ試していただきたいと思います。

4-3　読みやすくするためのテクニック

予測できるとき、できないとき

文書を読みやすいと感じる理由のひとつに、説明の中で列挙される項目への納得性があります。人間の頭脳はこれから起きることが予想できるときと予想できないときで働き方が大きく違うと理解しています。たとえば、私が以前に練習したモールス信号の受信技能では、モールス信号で通常の文章を書き取る「平文受信」と、ランダムな文字列を書き取る「暗文受信」の２種類がありますが、前者の「平文受信」のほうが圧倒的に楽に書き取れます。これは「平文受信」では、意味のある文章が送られて来るので、次にどの文字が送信されて来るのか予測ができるからです。

文書を書く場合も同じで、読者が初めの項目の説明を読めば次の項目に何が来るか予測できるようにすることが、読みやすくする大事なコツだと思います。読者が次の話題を予測できることは、執筆者が描いたストーリーに納得して話に乗っていることでもあるので、執筆者としてぜひ目指したい状況です。

読者が続きを予測できる構成

さて、ではどのような構成を作れば読者が次の話題を予測できるようになるのでしょうか。ここで大事なことは、これから言及しようとする話題を如何にパラレルに網羅的に分解して説明しているかという「項目分け」の考え方です。これはロジカルシンキングの教育の中で紹介されるMECE（Mutually Exclusive and Collectively Exhaustive）と呼ばれる相互に排他的で完全な全体集合を記述する考え方に近いものです。私は読者が納得してくれれば十分という考え方なので、文書執筆に関してMECEまでの厳密さをこの項目分けに要求するつもりはありません。しかし、箇条書きで項目を列挙する場合、表やグラフで複数の項目を比較する際には、MECEを参考に以下のような点に注意をする必要があると考えています。

4-3-1　事前の予告　–展開を予測しやすくする

　何はともあれ、読者のみなさんが次の話題を予測しやすくする最も簡単な方法が事前の予告です。たとえば直前の章もしくは節で、次の章・節・項で述べてゆくことをあらかじめ列挙していると、読者は「次の説明はこの話になってその次はこの話だな」、という予測を無意識にすることになります。具体的な項目の名称を列挙しなくても、幾つの項目に分けて説明をするのか、項目の数だけでも事前に予告をしておくと、読者は頭の中に情報を入れる「バケツ」を予告された数だけ用意できるので、とても理解しやすくなると思います。

　本書でもこの工夫を実践しており、第１章で執筆活動のステップとして紹介した「執筆前」「執筆途中」「執筆後」という流れが第２章以降のタイトルにつながっています。また、本書の中心的な話題を説明している第２章では、冒頭部分と図でそれ以降の説明の流れを大まかに予告して、その順で説明が進むようになっています。この予告と実際の説明での文言もできるだけ揃えて、すぐに「あの話だな」と連想できるように工夫をしています。

4-3-2　パラレルな整理

　分けられた各項目が、たとえば地域名、国名など同じ種類の事柄を表す分類でパラレルに区切られていることが必要です。国名を列挙して説明している中に海洋の名称や観光地の名称が混ざると、パラレルな関係が崩れて重複が発生するので、読者は理解しにくくなります。

　表 4-2 に示す左側の例は、相互に関係しない独立な条件が列挙されていて、すぐに納得してもらえると思います。これに対して右側の列では、確かに主題である太陽光発電の普及に関係がありそうな項目が列挙されていますが、たとえばドイツの事情の説明の中に天候や地理の話題、電

表 4-2　パラレルな説明の例

分かりやすい説明の例	分かりにくい説明の例
世帯あたりの電力消費量の特徴について、以下のように調査した。 ● 北海道地区 ● 東北地区 ● 関東地区 ● 中部地区 ● 近畿地区 ● 中国地区 ● 四国地区 ● 九州・沖縄地区	太陽光発電の普及状況の差異について、以下の観点でそれぞれ調査した。 ● ドイツの事情 ● 離島の事情 ● 天候の事情 ● 地理的位置（緯度）の事情 ● 電力ネットワークの事情 ● パネル価格の事情 ● 燃料価格の事情 ● 政策の事情

力ネットワークの説明が含まれる展開になることが容易に想像できます。これはかなり極端な例ですが、分類が恣意的で説明が相互に重複してしまうと、読者の頭の中を混乱させて分かり難い説明になってしまいます。

4-3-3　粒度の揃った整理

分けられた各項目の粒度が大体揃っていることも大事です。たとえば北米地区、欧州地区、東アジア地区と項目分けしている説明の中で、栃木県の話を続いて切り出そうとすると、規模と性質が違うために、読者に疑問が生まれます。会社の中でも、子会社単位での事業課題の説明に、その部分集合である事業部の課題の説明を続けてしてしまうと、読者・聞き手からすると「何の説明をしているのか分からない」という状態になりがちです。

子会社単位の説明を始めたのであれば、まずは同じ子会社単位の粒度で一通りの説明を完結させます。さらに理由を述べたうえで、ひとつの部分に注目して事業部単位の議論に移行するのが分かりやすい説明の原則です。

表 4-3 に示す左側の例は、地域を列挙していて大体の粒度の感覚も揃っているので違和感はありません。一方で右側の例は、確かに調査の主

表 4-3　粒度の揃った説明の例

分かりやすい説明の例	分かりにくい説明の例
本開発品の市場適合性について以下のように調査した。 ● 北米地区 ● 欧州地区 ● 中国・東アジア地区 ● 中東地区 ● アフリカ地区 ● 日本国内地区	外国人観光客のひとり当たり旅行消費額について以下のように調査した。 ● 東京都 ● 大阪市 ● 北海道 ● 香港 ● ニューヨーク市 ● フランス

題に対して重要な地域が列挙されているのですが、国内と海外の地域が大小それぞれ脈略なく列挙されていて、規模感も異なります。「なぜこの地区の説明を受けなければならないか」という疑問や違和感を読者に与えてしまいます。

4-3-4　漏れの少ない整理

本来であれば、項目分けはMECEで説明されるように、完全に網羅的に取り上げられる必要があります。しかし、私は必ずしも完璧に網羅する必要はないと考えています。その代りに、なぜ取りあげた項目と取りあげなかった項目があるか、読者に納得してもらえれば良い、という考えです。

たとえば表 4-3 の左側で世界の各地を列挙していますが、「オセアニア地区」が抜けています。この列挙から抜けている「オセアニア地区」が、執筆意図にとって重要な意味を持つ地区であるならば、この表 4-3 の左側の説明は、粒度感は揃っていても網羅性に欠ける説明になります。欧米人の思考では、当然言及すべきことに言及しなかった場合、執筆者が意図的に「隠した」と疑われることもあるので注意が必要です。

一方で、これらの抜けている地区が執筆意図の中で言及しなくても、理解に支障がなく読者に納得いただけるのであれば、抜けていても特に問題はないと考えます。どうしても気になる方は、「その他の地区」という項目を加えて、言及しなかった理由を添えておくのが良いでしょう。

通常の文書の場合、文書の分量の軽量化と完ぺきな網羅性とはトレードオフになるので、第２章で述べた執筆意図、執筆方針に基づいて、執筆者がどの辺りで折り合いを付けるかを適宜判断しなければなりません。特に未来の出来事に執筆内容の力点がある文書で完璧な網羅性を追求すると、膨大な労力が必要となってしまい、文書の執筆をしていたつもりで気がつくと調査しかしていなかったという事態になりがちです。注意してください。

4-4　執筆後にすべきこと

完璧な執筆方針と詳細設計を立てても、相当に時間がかかる実際の執筆作業の中で、全体の記載のバランス、論旨のブレなどが発生することはよくあります。特定の部分で筆が走って、「出来上がった文書は設計図と随分違うぞ」、ということはありがちです。そこでその違いがどこにどの程度あって、有害なのか、有益なのか、無害なのかをチェックする必要があります。これは執筆者自身でできることと、家族など身近な第三者にお願いしたほうが良いことに分けることができます。

ここでは、文書を提出する前に行う読み返しとヒアリングに加えて、文書を提出した後に実施してほしいアフター・アクション・レビュー（AAR）についても紹介します。

4-4-1　執筆者自身での読み返し

よく言われるように、夜更けに書いた文章は明るい日中に読み返してから人に見せるべき、とされています。基本的に執筆作業は極めて個人的な作業となるので、執筆者個人の感情の変動が成果物である文書の中に現れるものです。自身の思いが強い個所はどうしても文章が長く説明のボリュームも多くなりがちです。また、執筆時期が異なる素材を集めてくると、同じ文言が「分かりやすい」「判りやすい」「分かり易い」などのように表現が微妙に異なっている可能性があります。

このように、執筆直後の文書は当初に設定した執筆方針、詳細設計とかなり違うものであることを十分に認識して、執筆作業から少なくとも3～4時間程度の冷却時間を置いた後に執筆者自身で何度も読み返すべきです。この際にはできる限り執筆者であることを忘れて、ひとりの読者の気持ちになって読むことが大切です。2-3-1項で示したように、「読むための時間を使う価値が感じられる内容になっているのか」、「執筆意図に沿った行動を取る気が湧いてくるか」など、改めて確認しなければなりません。その際には、特に以下の点に注意して読み返すことをおすすめします。

- 執筆者の感情の変動、こだわりによる説明ボリュームの片寄り
- 時間の経過による表現のブレの有無
- 執筆中の思いつきによるストーリーの分岐
- 読者へのアピール性の確認

4-4-2　身近な第三者からのヒアリング

どのような出来事でも当事者とそれ以外の人物では受け止め方は異なり、当事者には当事者であるが故の盲点が発生します。特に、論理展開の中での前提条件は執筆者が決めているので、周知の事実であると認識していたことが、大多数の読者にとっても同じであるかは、実際に読んでもらうまで分かりません。

また逆に言うと、執筆者としては新たな事実で読者に対するニュースだと思ったことが、読者にとってはどうでも良い些細な出来事なのかもしれません。このような認識のギャップは、その文書の本質的な価値に大きく影響することから、いきなり本物のターゲット読者に読んでもらうのは、場合によっては大きな賭けになって危険と言えるかもしれません。

そこで私は、本物のターゲット読者に見せる前に、専門性や持っている知識が似ている「サンプル読者」に読んでもらうことをおすすめして

います。2-1-2 項で述べたようにターゲット読者の分析が済んでいるわけですから、それに近い条件を持つ身近な人物を、同僚、部下、友人、配偶者などから選んで率直な感想を聞かせてもらうのです。特に以下の4点について意見が聞けると、本物のターゲット読者に見せられる文書であるか否かのジャッジができると考えています。それぞれ個人の性格によりますが、部下の感想はバイアスがかかっている可能性もあるため注意も必要です。

- この文書を自由な意思で読み続けたいと思ったかどうか
- 何かこれは面白い、なるほど、と思ったことはあったか
- これは認識が違う、と思える個所はあったか
- 読み終えてどうしたいと思ったか

第4章

4-4-3　執筆活動のアフター・アクション・レビュー

文書が完成して執筆者の手を離れターゲット読者の元に届いた段階では、一般的な意味での執筆活動は完了しています。ターゲット読者が文書を手に取ってどこまで読んでくれるか、途中で読むのを止めて引き出しに入れてしまうのか、最後まで読んでくれるのか、執筆者としてはなんとも落ち着かない時間になります。最後まで読んでくれて内容に納得して、執筆意図の通りに行動してくれれば執筆者としては狙い通り上手く書けたと喜べば良いのですが、必ずしもそうなるとは限りません。いつまで待っても何も反応がないことや、すぐにメールが届いて「提案は却下だ」、と言い渡されたりすることもあります。特に未来の記述に力点がある提案系の文書では、1回目の文書で狙い通りにターゲット読者が行動してくれるケースのほうが少ないのが実態です。

そこで大切になるのが、この文書を読んだターゲット読者のリアクション分析です。本人のヒアリングができればベストですが、直接聞けなくとも周囲の人からその文書にどのような印象を持っていたのか聞き出すことが非常に大切です。これは一種の AAR の手法であって、以下の4点を正しく理解して次の執筆に備えるようにしたいと私は考えています。

- そもそもの執筆意図は何だったか
- ターゲット読者は実際にはどう行動したか
- なぜそうなったか
- 次回はどう執筆するか

ターゲット読者が執筆意図のように行動してくれなかったとしたら、執筆プロセスのどこかに欠陥があったと考え、その欠陥が発生した原因を推定して対策を考え、次の執筆では同じ失敗を繰り返さないようにするのです。「意思決定プロセスの理解が足りなかったためにターゲット読者の選定を間違えた」、「ターゲット読者は合っていたが論点の予想が外れて想定外の論点で否定された」、「関心があると思って紹介した話題が全く空振りだった」、など当初の狙い通りに進まなかったことを、私もたくさん経験しています。

特にターゲット読者の選定と読者分析は失敗の原因になりがちです。失敗をしてもそこから原因を学んでおけば、次回の執筆では「より慎重に意思決定者を推測してターゲット読者の選定をする」、「念のため複数のターゲット読者を想定しておく」、「もっと時間をかけて情報を集めて読者分析をする」、などの改善ができます。

AARは執筆者の最後の仕事だと考えて、特に上手くいかなかったときにこそ、必ず実施するようおすすめします。執筆者としての確実な成長につながると確信しています。なお、AARの結果は、その文書の修正に関わった査読者がもっとも欲しがる情報です。第5章で詳しく説明しますが、査読者との関係を強くして今後も指導して欲しいと思う場合は、ぜひこの結果を査読者と共有するようにしてください。

第4章のまとめ

■技術文書としての表記ルールを軽視してはいけない。表記ルールに反する文書を出回らせてしまうと、その文書の価値が疑われるだけでなく、執筆者本人の執筆経験から会社の教育レベルまでが疑われる

■読者が次の話題を予測できるように書くことが読みやすく感じてもらうコツ

■執筆作業から少なくとも3〜4時間程度の冷却時間を置いた後に何度も読み返すことが必要

■本物のターゲット読者に見せる前に、「サンプル読者」に読んでもらって率直な感想をきかせてもらうことも重要

・・・ベテラン査読者からのミニアドバイス・・・

「文書のチェックシート」

第４章の前半では、文書の価値を疑われないようにするための注意点を説明しました。これらはみなさんが執筆する文書の品格を守るための重要なポイントです。また第４章の後半では文書を読みやすくするためのテクニックも紹介しました。特に注意していただきたい８つのポイントを以下のチェックシートにまとめましたので、執筆の途中で都度確認していただきたいと思います。

文書の品格を守るためのチェックシート

チェック項目		チェック内容	チェック欄
恥をかかない	単位	単位記号と接頭語の区別を理解しているか。「K」と「k」、「M」と「m」、「H」と「h」など大文字と小文字の違いで意味が全く変わることを理解しているか。	□
	有効数字	有効数字を考慮して数値が表記されているか。表計算ソフトの計算結果で不要に多い桁数を表記している箇所がないか。	□
	空白	英文表記において、コンマの直後、省略を表すピリオドの直後、文字のみからなる単位と数字の間、カッコの前後にそれぞれ空白が挿入されているか。	□
	グラフ	横軸と縦軸の目盛、軸の名称が正しく書かれているか。データ点のシンボルがデータの精度を考慮した大きさで分かりやすく書かれているか。特別な必要がないにもかかわらず色分けを使った表記をしていないか。	□
読みやすくする	パラレル	表の中で並べられている項目、説明文の項目分けが相互に混ざり合うことなく、同じ階層できれいに切り分けられているか。それらの粒度も揃っているか。	□
	予告	前段と後段の説明に繋がりがあるか。前段での言及が全くなく、後段で唐突に詳細な説明が始まっている箇所はないか。	□
読み返し	自分	執筆を終えてから少なくとも3〜4時間程度の冷却時間を置いて、読者になったつもりで読み返したか。	□
	第三者	身近な第三者に読んでもらって意見を聞いたか。ターゲット読者に近い条件を持つ身近の人物を探したか。	□

第5章
査読をお願いするときに心がけること

第5章では、執筆した原稿を査読してもらう際に、執筆者の立場でどのようなことを考えるべきかについて説明します。第4章で説明したように、執筆経験が豊富なベテランであっても自分以外の人物によるチェックは必要です。他人の指摘を受けることで勝手な思い込みに気づかせてもらえることもあり、新たなひらめきを得ることにもつながります。査読者は自らの仕事も忙しい中で、貴重な時間を割いて教育指導をしてくれようとしています。執筆者として査読者に対してまずは心からの感謝の気持ちを持たなければなりません。

査読を受けることは非常に貴重な機会であり、感謝の気持ちが基本であることは間違いがないのですが、一方で職場には悩ましい査読者がいることも事実です。重箱の隅をつつくような指摘を繰り返し、言うことが都度コロコロ変わり、結局どうしたいのか自身もよく分かっていない査読者に私も出会いました。職場で文書を執筆する技術者のみなさんも、残念ながら一定の確率でこのような査読者に出会うであろうと言わざるを得ません。

自らの執筆能力を高めて、いずれは査読者としても活躍したいと思っておられる技術者のみなさんは、査読者を上手に使い分ける必要があります。まずは職場が変わっても将来にわたって長く指導してほしいと思える「師匠」が必要です。また、悩ましい査読者にはあまり無理をしないでお引き取りをいただくテクニックも必要です。

本章では、このような良い査読者と悩ましい査読者との識別と、付き合い方のコツについて説明をします。さらに、査読者を目指す方に対して、悩ましい査読者にならないためのヒントを提供したいと思います。

5-1　査読者の分析

これまで執筆者の立場で読者分析をしてきました。ここでは、執筆者の立場で査読者の分析をします。これは執筆者が読者を分析することに比べると、必要性はやや低いかもしれません。

しかし、査読者のコメントにどうしても納得できないものが多数出てきたときに、「なぜこのようなコメントになるのだろうか」と考えるために必要になります。査読者のコメントに強い違和感があった場合にはぜひ分析してみましょう。分析のポイントを**表 5-1** に示しました。

表 5-1　執筆者が考えるべき査読者の分析

	視点	内容
1	性格	面倒見が良いか、几帳面か、思い込みの程度など
2	過去の傾向	過去の査読でどのような指摘をしたか。何にこだわるか
3	執筆経験	どのような分野でどの程度の執筆経験があるか
4	査読経験	どの程度の査読経験があるか
5	方針	どのような査読方針を立ててそうか
6	執筆者評価	自分をどう評価して位置づけているか

査読者のクセを理解する

この表 5-1 の 1 番目と 2 番目に挙げた「性格」と「過去の傾向」は、査読者のクセを理解するためのものです。その査読者が、「指導者としてどの程度の面倒を見ている人物であるのか」、「どの程度の文法的なミスが気になるのか」、「文書の体裁を気にするのか」、「文書の構成にこだわりがあるのか」など、良し悪しではなく指導上のポリシーのようなものを理解するための視点です。

たとえば、文書の体裁に厳しい指摘を受けた場合に、もともとそのような部分にこだわりがある査読者であるとあらかじめ承知をしていれば、納得しやすいと思います。このとき、全体構成にこだわりがある人物を見つけてきて、その人にも別に査読のお願いをしておくと、多面的な査読を受けることができます。私もそうですが、査読者の査読スタイルと指摘のクセはそう急に変わるものではありません。1年以内に同じ査読者の査読を受けた別な執筆者から、「この人は何が気になる人なのか」と、過去の指摘の内容を聞いておくと大体のクセがつかめるものです。

査読者を識別する

表5-1で3番目と4番目に挙げた「執筆経験」と「査読経験」は、前に述べた悩ましい査読者を識別する際の重要なヒントになります。もちろん執筆や査読の経験が少なくても、立派に指導している上司や先輩は大勢います。必ずしも自分自身で多くの文書を執筆していなくても、第2章で説明した「執筆前にすべきこと」を感覚的につかんでいれば、業務内容が分かっているので指導はできるはずです。したがってこれらの経験の多い、少ないは識別のポイントではありません。

悩ましい査読者の最大の問題は、これらの経験が少ないことを必要以上に気にしてコンプレックスのように感じていることです。そして経験が少ないことを部下に見抜かれないようにするため、必要以上にコメントを出してしまうのです。査読者から訳のわからないコメントが続々と出てきてなにやら攻撃的だなと感じたら、その査読者は悩ましい査読者である疑いがあります。社内外のデータベースで文献検索をして、その査読者の執筆経験を調べてみましょう。

どこまで厳しく指摘してくれるか

表5-1で5番目と6番目に挙げた「方針」と「執筆者評価」は、自分に対してどのような査読方針を考えてくれているのかを探るためのものです。

査読者は執筆者を、「執筆経験が少なくて性格的にも繊細だ」と判断すると、今回は弱い指摘で済ませようと考えて本音を言いません。本当はまだ修正の余地がある原稿だと思っているものの、執筆者への伝達としては「かなり良く書けているよ」などと言ってくるかもしれません。

「かなり良く書けているね」と査読者に言われたときには、本当に良く書けているケースと、査読者が執筆者に配慮して駄目なものを前向きに言っているケースがあるのです。執筆者として真に成長するためには、この２つのケースの違いを感じ取らなければなりません。そのためにこの視点が必要なのです。

5-2　査読者と付き合うコツ

査読者からのコメントも受け取って査読者の分析も済ませると、そのコメントをどう原稿に反映させて修正するかという段階になります。査読者は貴重な時間を使ってコメントをしてくれたので、基本的には査読者に感謝してできる限り原稿に反映させるべきですが、現実問題として対応不能なコメントも出てくることがあります。本節ではそのような実態を踏まえて、執筆者が査読者にどう向き合うべきか、という方針について説明します。私の考えでは、会社の中では**表 5-2** に示すような種類の査読者がいると思います。この分類は受け取った査読コメントの妥当性と 5-1 節で説明した査読者の分析結果から行います。

一生指導を受けたい人との付き合い方

表 5-2 で１番目と２番目に挙げた「師匠」と「先生」に該当する査読者の場合は、「今回の査読がこの人で良かった」と感謝しつつ、粛々と指導を受けてコメントに沿った修正をすれば良い文書に仕上がると思います。注意すべきポイントは、これらのクラスの査読者は後々の文書作成の場面でもアドバイスをいただく可能性が高いため、今後も頼りにしたいのであれば、執筆者としての熱意と誠意を最大限に示しておくことです。

査読者の立場で考えたとき、最も残念なのが、やらされ感が満載の執筆者の指導です。査読者側の熱意も自然に冷めていってしまいます。これに対して、査読者として最も楽しいのが、打てば響く熱意にあふれた執筆者の指導です。面談をすればどのくらいの熱意で原稿を書いている

表 5-2　査読者の種類と付き合い方のコツ

	種類	特徴と付き合い方
1	師匠	この人に一生教えてもらいたいと思うレベルの指導者。文書作成だけでなく、仕事の進め方も含めて大方針としての「考え方」を指導できる。現部署で指導を最大限吸収するとともに、異動で部署が変わっても敢えてお願いして指導を仰ぎたい。このレベルの指導者には、部署を超えて弟子が多数いるはずなのでやる気をみせれば弟子入りできる。
2	先生	上司がこの人で良かったと思うレベルの指導者。忙しい中、執筆者の性格、実力も把握した上で、査読方針に基づいて的確な文書構成に関わるコメントをタイムリーに返してくれる。この人物が上司である間にできる限り多くの文書を執筆して指導を吸収したい。将来的に師匠クラスになりそうと感じたら、早めに弟子入りしておくのも良い。
3	行きずりの上司	執筆と査読の経験がやや足りないものの、一生懸命に指導しようと知恵を絞っている指導者。明確な修正案は示せないが、違和感のある箇所の指摘ができて文書様式・誤字・脱字などの指摘もできる。執筆の対象が特に重要な文書の場合は、他の人にも査読をお願いする必要が出てくるが、真摯に向き合って良い関係を保ちたい。
4	おじゃま虫	経験と実力がないにも関わらず、思い込みが激しくて無益な修正指示を繰り返す指導者。指示がころころ変わり、発散するのが特徴。根底に劣等感があることが多い。敵に回すと厄介なので、適当におだてて上手にあしらう。反論しても面倒が増えるだけで益になることがないので絶対に反論しないこと。他の人にも並行して査読を頼んだことを知ると激怒することもあるので注意が必要。

かなど執筆意図の強さが分かるので、その熱意が査読者にも伝わります。こうなると査読者も本来の自分の仕事をしばらく横においてでも、一緒に執筆意図を実現しようと考えます。そして文書が完成してその後の展開についても報告してもらえれば、結果が良くても悪くてもまた一緒に考えようかという気分になるものです。

この「師匠」「先生」クラスの指導者の指導を受けることができた執筆者は、ぜひこのように行動して査読者との関係を強めていってほしいと思います。4-4-3 項のアフター・アクション・レビューで述べたように、完成後の文書がどのように活用されたかを報告することが非常に重要です。

頼りない査読者とは割り切って付き合う

表 5-2 で 3 番目と 4 番目に挙げた「行きずりの上司」「おじゃま虫」と思われる人物が査読者になってしまった場合について説明します。「行きずりの上司」の場合はやや頼りない点が大きな問題なので、頼りになる部分を頼る、頼りにならない部分は別な査読者に頼る付き合い方が基本となります。別な査読者をどこで見つけるかという問題が出てきますが、これが「師匠」「先生」との関係を強くすべきだと前の段落で述べた理由です。

良い文書を強い熱意で仕上げたいと思ったときに、良い査読者が上司もしくは先輩として同じ部署にいるとは限りません。近年は職場で良い査読者に出会う確率がむしろ低くなっています。5-1 節で説明した査読者の分析に基づいて、自分で良い査読者を探して他部署にお願いに行きましょう。「行きずりの上司」は「おじゃま虫」と異なって、他の人に査読を頼んでも怒りはしないはずです。

扱いにくい査読者には低姿勢で対応する

さて、最も厄介なのが「おじゃま虫」の扱いです。このタイプの査読者は基本的に経験が少ないことによる劣等感に支配されていることが多く、優秀な執筆者に対して敵意すら示すことがあるので、もはや指導者と言うことはできません。経験が少ない、あるいは能力が低いことを見抜かれたくないことが行動の原動力になっていると思われるので反論してはいけません。特に他の人にも査読を頼んだことは、残念ながらこのタイプの査読者のプライドを傷つけて激怒させる可能性が高いのです。

自身の上司であっても「このような人物の性根を叩き直す」という覚悟があれば別ですが、私が執筆者であったならば、文書の完成と執筆意図の実現を最優先する観点から、「指導ありがとうございます」、「貴重なアドバイスをありがとうございます」、「常務のご指摘の通りに修正しています」と言って、ひたすら低姿勢に徹してとにかく承認させることを優先します。

幸いにこのような「おじゃま虫」は文書の中身、執筆意図にはほとんど関心がないので、承認してもらった後にその文書を変更しても分かりません。まずは上司として承認させて、その後で「師匠」と「先生」に頼って直していけば良いのです。

5-3 真の師匠をめざして

現代は「おじゃま虫」が増えている

図 5-1 に、これまで説明してきた執筆者を中心とする読者と査読者との三者の関係をまとめました。執筆者は読者の値踏みに応えて共感と納得を得る努力をしつつ、査読者からの共感と応援をもらわなければならない大変な立場です。苦労が多い執筆者を、査読者が支えているわけですが、社内で正しく査読ができる「師匠」と「先生」が近年では絶滅危惧種と思えるほどに減少しています。逆に言えば「おじゃま虫」が増えているのです。

第5章

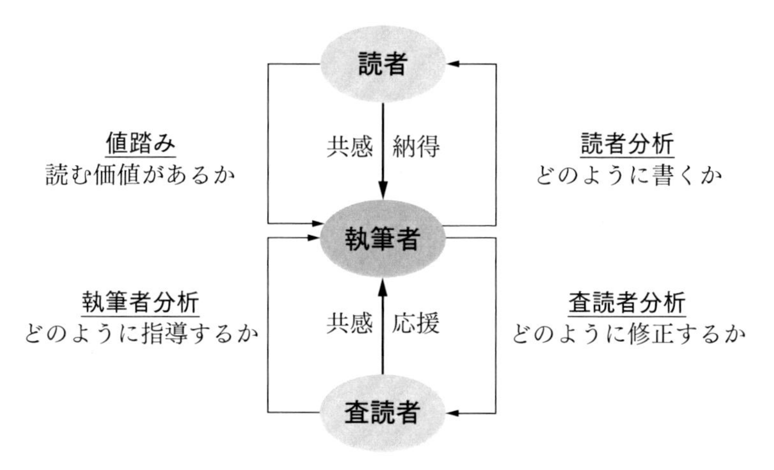

図 5-1　執筆者を中心とする文書に関わる三者の関係

私の考えでは、すべての執筆者に査読者が割り当てられて、文書１件につきそれぞれ２回程度は査読をしないと読みやすい文書にはなりません。したがって現在の「師匠」と「先生」には、ひとりで複数の執筆者の指導をするなど相当の負荷がかかっているものと推測します。本書を読んでいただいた技術者のみなさんも、出来るだけ早く「先生」になり、そしてぜひ「師匠」を目指していただきたいと思います。

「師匠」を早く捕まえる

企業などに入社した若手が立派な文書を書ける執筆者になって、さらには優秀な査読者になるためには、早くから「師匠」がそばにいる必要があると私は思っています。特に業務が本格化して、第２章で説明した難易度が高い文書を書き出す入社4〜5年目から課長クラスになるまでは、気軽に相談できる「師匠」が必要です。この人物はむしろ上司でない方が良いと思っており、いわゆるメンター、コーチとしての存在が理想だと思います。

若い技術者の方々は、一度査読をしてもらって「この人は良い」、「感覚が合っている」と感じた査読者をしっかりと捕まえてください。一度でも丁寧に査読してくれた人は、その後も頼みに行っても断らないと思います。一方で、同期の仲間も「師匠」を探しているはずです。出遅れると同期の仲間に取られてしまいます。5-2節で説明したように熱意と誠意を示して早く弟子入りしましょう。

本書の読者には、決して「おじゃま虫」にはならずに、ぜひ「師匠」になっていただかなければなりません。ご自身の経験と実力に自信を持って、無理なく執筆者と相対していただければ大丈夫です。査読者として「他の人の意見も聴いてみたら？」との一言が言えれば、少なくとも「おじゃま虫」にはなりません。「師匠」から「おじゃま虫」までの分類は査読を受ける執筆者が決めます。この後の付録で説明する種々のコツを実践して執筆者に寄り添っていただければ、弟子入りを希望する若手が必ず集まってきます。査読経験を重ねることで真の師匠を目指して進んでください。

第５章のまとめ

■執筆者は査読者に対してまずは心からの感謝の気持ちを持たなければならない

■残念ながら職場にはさまざまなレベルの査読者が混在しており、現実には査読者を上手に使い分ける必要がある

■「師匠」、「先生」と呼べるレベルの査読者の指導を受けることができたら、完成後の文書がどのように活用されたかを報告するなどして査読者との関係を強める

■おじゃま虫と呼ぶべき悩ましい査読者に出会った際には、無理に反論せずとにかく承認をしてもらうことを優先する

付録

査読を頼まれたときに心がけること

役職者になるといろいろな場面で文書の査読を求められるようになります。読んでいて楽しい文書もあれば、読むのが辛くて場合によっては怒りが込み上げてくるような文書もあるかもしれません。社外での団体委員を務めている方は社内での査読だけではなく、社外での文書査読を頼まれることでしょう。さまざまなケースの査読依頼にどう対応すれば良いのでしょうか。私は査読にも執筆と同じく、査読前のグランドデザインが必要だと考えています。本書でいう「査読」とは、「論文や技術報告書に限らず、技術者が作成するあらゆる文書を親身に添削指導し、その文書の執筆意図がより高い確率で実現するように修正すること」を示します。

I 査読を始める前にすべきこと

部下から突然に文書を渡されて「見てください」と頼まれたときに、みなさんはどう対処しているのでしょうか。「分かった」と言って受取ってすぐに受信箱に放り込んでしまい、催促されてから慌てて読み始めた、などという経験はないでしょうか。慌てて読み始めても理に適った指摘ができれば問題はないのですが、いわゆる「てにをは」を直して査読したフリをするような上司は失格です。査読は、頼まれた瞬間から締め切りに向けたカウントダウンが始まっています。直ちに**図 ア-1** に示すプロセスを回す必要があるのです。

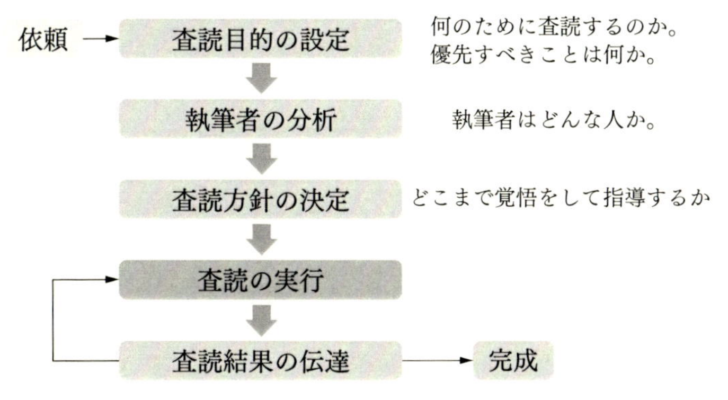

図 ア-1　頼まれたら直ちに起動すべき査読のプロセス

I-1　何を優先して修正するのか

文書の執筆に執筆意図があるように、査読にも査読目的が必要です。そもそも何のために査読して執筆者に修正してもらうのか、この方針を抜きにしては何もできません。私は**表 ア-1** に示すように、査読目的には大きく3種類があると考えており、依頼された査読がこのいずれと考えるかによって査読の仕方が大きく変わってきます。

表 ア-1　査読目的の類型とその特徴

査読目的の類型	特徴
実戦型	実際に顧客に提出する文書、公に出版する文書などで最終的な文書の仕上がりにこだわるべき査読。執筆者への配慮よりも最終的な読者への配慮を優先して、必要に応じて査読者が書き直してしまうことも辞さない覚悟で取り組むもの。
混合型	十分な時間がある場合に実行できる実戦型と教育型の混合型の査読。実際に実行するのはなかなか難しくて、投稿論文などで明確な締め切りがない場合に有効なもの。
教育型	最終的な仕上がりよりも執筆者に執筆経験を積ませることに主眼を置いた査読。読者への配慮よりも執筆者への配慮を優先して、執筆者が自ら正しく書き直すよう粘り強く指導するもの。

付録

「実戦型」は文字通りに顧客など社外に提出する公式文書を執筆するケースの査読です。大概のケースでは時間が限られていて、その中で自社として最良と思える文書に仕上げて提出する必要がある査読です。まずは締切り通りに提出することが最優先となるので、査読のプロセスはこれを大前提に進めてゆく必要があります。

「教育型」はこの逆で、執筆者に執筆経験をさせることに主眼を置いたケースの査読です。明確に時間を区切らず、査読者と執筆者のコミュニケーションをキャッチボールのように繰り返すことで、査読者のノウハウを執筆者に伝えることを狙います。最終的な文書の仕上がりにこだわりつつも、査読者は直接の修正をせずに執筆者が自ら書いた文章で書き切ってもらうことを目指します。

「混合型」はこの２つの中間です。執筆者に一定以上の執筆経験と時間的な余裕があって、査読者と執筆者の間に信頼関係がある場合に実行可能だと考えています。逆に言うと、これらの条件が整わないと中途半端な査読になりがちなので注意が必要です。

I-2　執筆者はどんな人物か

読者分析を第２章 2-1-2 項で説明したように、査読においても執筆者の分析が必要になると考えます。社内での文書の査読の場合、執筆者が特定できて直接面談することもできるので、執筆者がターゲット読者を分析するのと同じように査読者も執筆者を分析しなければなりません。そのポイントは、**表 ア-2** のようなものがあり、これらと査読目的を組み合わせて査読方針を立てることになります。

執筆経験が豊富な執筆者の場合は査読されることに慣れているので、本質的な論理構成の議論にも耐えられます。また修正案も速やかに出てくる可能性が高いため、締め切りまでの時間が短くても強めの修正を指示することが可能になります。性格は副次的な要素であるものの実務的には無視できず、特に実戦型の査読では締め切りとの競争になるケースが多く、執筆者が素直かどうかという点が意外に重要になります。執筆

表 ア-2　執筆者の分析例

分析ポイント	注目すべき性質
執筆経験	これまでにどの程度の頻度で主たる執筆者として文書作成を経験しているか。またどのような査読付き文書を執筆してきたか。経験が豊富であるほど、短い時間で大きな修正に取り組んでもらえる可能性が高くなる。
性格	査読者の意見を素直に受け入れる性格か否か。素直であれば短い時間で修正案が戻ってくる可能性が高くなる。
繁忙度	査読完了から締切りまでの期間の繁忙度はどの程度か。指摘した項目を修正する時間を確保できる状況であるか。繁忙度の高い執筆者の場合は査読者が書き直す可能性が高くなる。
執筆者の熱意	査読される文書に関して執筆者としてどの程度の熱意とこだわりを持っているか。義務感ではなく、伝えたいという熱意が強い場合には短時間で修正案が戻ってくる可能性が高くなる。

者の繁忙度も実務的には重要で、いかに査読者が修正の指摘をしても肝心の執筆者が多忙で何も対応ができない状態になってしまうと、査読者が自ら書き直す実戦型の査読になりがちです。また、執筆者の執筆に対する熱意も考慮すべきポイントのひとつであり、執筆者が何をおいてもこのニュースをターゲット読者に伝えて執筆意図を実現したいと強く思っている場合は、かなり強めの指摘をしても前向きに受け止めてもらえる可能性が高くなります。

付録

I-3　どこまで厳しい指摘をするか

査読の方針で最も重要なことは、どこまで厳しいことを執筆者に指摘するつもりかという査読者の覚悟です。査読者の本来の役割は、提出された文書が非常に面白いものであるのか、意味不明で全く読む気がしないものであるのかなど、読後感を執筆者に伝えて改善に向けた提案を示すことだと考えています。

学会誌など社外団体における査読の場合は、そもそもその文書が掲載に値するかという点からスタートすることが多いために、価値のない文書であると判断された場合には、不採択と判定されて改善に向けた提案がもらえないこともあります。

これに対して社内における査読は、実戦型・教育型のいずれであっても、その執筆された文書を不採択として捨ててしまうことはせずに、何らかの形で改善して活用しようとする点が特徴です。これは人件費、開発費など社内の種々のリソースを消費して作成された文書を無駄にしないという点で、ある意味当たり前の対応と言えますが、切り捨てができないという点は査読者には大きな負担になります。

指摘を使い分ける

私は社内での査読について、**図 ア-2** のような四象限で考えるようにしています。本来は、すべての査読で執筆者に遠慮せず強い指摘を与えるようにすべきですが、すべての文書をそれなりに改善して執筆者も教育するという期待を満たすためには、ケースバイケースで「強い指摘」と「弱い指摘」を使い分ける必要があると考えています。

たとえば、執筆者の実力が十分でない、そして修正する時間がない場合に、査読者が文書の構成自体を見直す全文書き直しの指示をしてみても、執筆者を打ちのめして執筆意欲を失わせるだけで教育的にマイナスの効果になるリスクがあります。特に「実戦型」の査読の場合では、一定以上の仕上がりの文書を顧客などに期限通りに提出する義務もあるので、ある時点で執筆者を見切って査読者自らが書き直す判断をしなければなりません。したがって実戦型の査読では第一象限での査読を理想としつつも、執筆者の実力、業務の繁忙度、締め切りまでの残り時間などを勘案して、あえて厳しい指摘をしない第四象限での査読対応に留めるケースも多くなるのが実態です。

「教育型」の査読機会を活用する

そこで必要になるのが、執筆者に強い指摘をぶつけて何度となく修正を繰り返す経験を体験させる「教育型」の査読機会です。これは必ずし

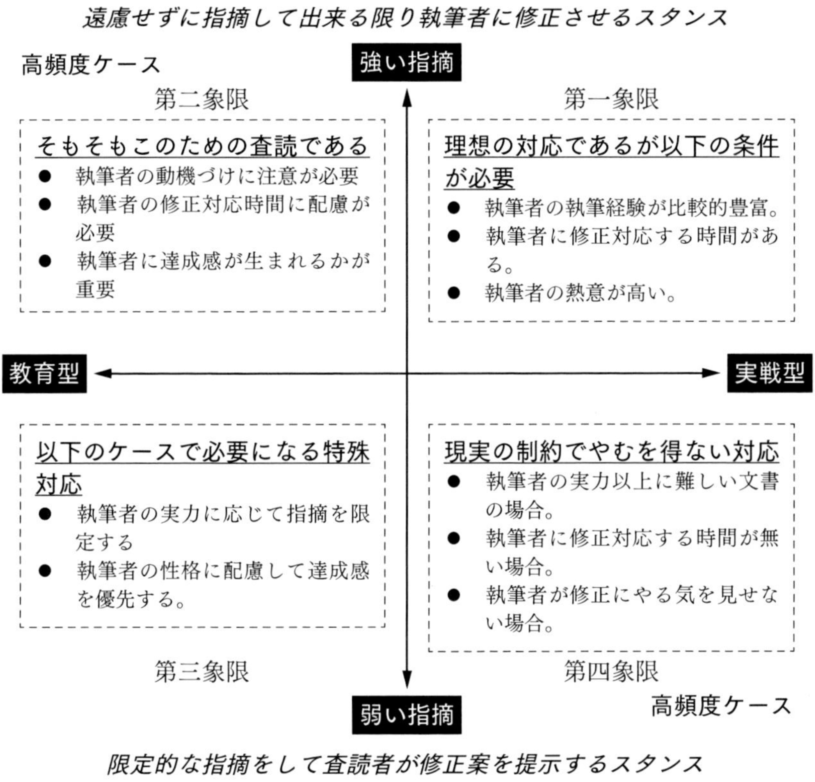

遠慮せずに指摘して出来る限り執筆者に修正させるスタンス

高頻度ケース

強い指摘

第二象限

そもそものための査読である

- 執筆者の動機づけに注意が必要
- 執筆者の修正対応時間に配慮が必要
- 執筆者に達成感が生まれるかが重要

第一象限

理想の対応であるが以下の条件が必要

- 執筆者の執筆経験が比較的豊富。
- 執筆者に修正対応する時間がある。
- 執筆者の熱意が高い。

教育型　←→　**実戦型**

以下のケースで必要になる特殊対応

- 執筆者の実力に応じて指摘を限定する
- 執筆者の性格に配慮して達成感を優先する。

第三象限

現実の制約でやむを得ない対応

- 執筆者の実力以上に難しい文書の場合。
- 執筆者に修正対応する時間が無い場合。
- 執筆者が修正にやる気を見せない場合。

第四象限

弱い指摘

高頻度ケース

限定的な指摘をして査読者が修正案を提示するスタンス

図 ア-2　査読方針を考えるための四象限マッピング

も高品質の文書が要求されない社内文書の執筆機会を利用するのも良いでしょうし、教育視点で社内の技術ニュース集を編集してみても良いでしょう。このような前提で時間的な余裕を確保して執筆者の動機づけができれば、査読者は第二象限の査読として気兼ねなく強い指摘を執筆者にぶつけることが可能になります。この査読では、その文書が読みにくい文書であるならば「なぜ読みにくいのか」、「その読みにくい類型は何なのか」、「どの執筆ステップに問題があるのか」、など基本に立ち返った指導をしていくことになります。執筆者の執筆経験が不十分で、複数の観点からの指摘を同時にすると混乱させてしまうと考えられる際には、たとえばまず「恥かき型」の文書になることを防ぐなど、特定のテーマに限定した指摘のみを行って、順次指導を深めてゆくという第三象限の使い方があります。

以上まとめると、執筆者に実力と時間がある場合は第一象限の査読でどしどし経験を積んでもらうのが良く、やや実力に不安があれば、実戦型の査読は査読者が第四象限でしのいで、別に教育型の第二象限の査読を繰り返して実力を養ってもらう手順になります。さらに実力に問題がある執筆者では、第二象限の前にテーマ別の第三象限の査読を入れて実力を涵養するという方針になると考えています。

Ⅱ　査読結果の伝達方法

前項で説明した査読方針とは別に、査読結果の伝え方次第で、その後に行われる執筆者の修正が変わると私は考えています。原稿にコメントを書き込む赤ペン指導者のような方法もあるでしょうし、コメントをまとめてメールで送るという方法もあると思います。私はどちらでも良いと思いますが、社内の査読者は可能な限り社内の執筆者と顔を合わせて面談して査読結果を伝達して欲しいと考えています。これは、執筆経験が少なく執筆の実力が十分でない執筆者は執筆意図を文書の中に盛り込めていないことが多く、そもそもどのような意図で文書を書いているのか査読者も読み取れていない可能性があるからです。社外の学会誌の査読員のつもりで「大幅修正が必要」「仮説立証の根拠が弱い」などと断定してしまうと、慣れていない執筆者には突き放されたように受け取れられるリスクがあります。特に教育型の査読では、査読者は執筆者に寄り添ってあげる姿勢が必要です。

査読結果として伝達すべきことの例を**表 ア-3** に示しました。全体的な感想から個別の指摘に入っていく伝達方法がおすすめです。実戦型でも教育型でも伝達すべきことの基本は同じですが、教育型の査読では慣れていない執筆者が多いこと、文章の修正を執筆者本人に完遂してもらいたいこと、などの期待があるために、伝達すべきことを具体的にする必要があると考えています。特に第２章で述べた「執筆前にすべきこ

表 ア-3　査読結果として伝達すべきことの例

査読目的	伝達すべきこと
実戦型	読者にとってのニュースの有無、読者の興味を引き付けられるか否か
	読みやすいか読みにくいか、冗長な印象の有無
	仮説の立証に納得できたか、論旨に納得できたか否か
	約物の使い方、単位表記のミスなど恥かき要素の有無
教育型	査読者として執筆意図が読み取れたか、読み取れたらその内容
	ターゲット読者の設定とその分析がされているように思えるか
	文書の分量が妥当かどうか。冗長な印象の有無
	文書を構成する素材が十分か。読者が当然に疑問に思うことに答えているか
	約物の使い方、単位表記のミスなど恥かき要素の有無。あればその指摘
	いわゆる口頭語、書面語を意識して使い分けているか

と」がきちんとできているかを、査読者と執筆者の間で再点検することが重要です。

Ⅲ　査読業務の実際

これまで述べてきたように、査読の目的など査読の実行前に考えるべきことは多いのですが、実際の査読は査読者が忙しいときに限って頼まれると言って過言ではないほどバタバタとやってきます。そもそも査読は暇そうな人には依頼が来ないので、有能で忙しい人が頼まれるものだと割り切る必要があると思います。そうなっても慌てないように、これまでの説明を踏まえて何を優先すべきか私の考えを**表 ア-4** で簡単に整理をしてみました。

表 ア-4 で一番大事なことは、社内でも社外でも「恥かき型」を人目に触れるところに絶対に出さないことです。「恥かき型」の文書が拡散すると執筆者の名誉を将来にわたって貶めることになるので、何として

表 ア-4　実際の査読業務で査読者が取るべきアクション

制約条件	文書の行き先	査読者の取るべきアクション
時間がない緊急査読	社外に提出	まず納期を厳守する。実務に直結する真に重要な文書であれば、査読者が執筆者の意図をヒアリングして書き換える。少なくとも「恥かき型」にならないよう執筆者に表記ルールの修正をさせて提出する。
	社内に留まる	「恥かき型」よりも「意味不明型」のほうがましだと考えて、表記ルールの修正を最優先で実施して提出させる。「意味不明型」「自己満足型」の文書はゴミ箱に行く可能性が高いので被害は少ないと割り切る。
時間がある通常査読	社外に提出	期限までの時間幅と執筆者の余裕度に応じて、読みやすい文書になるように2～3回程度の改訂と面談指導を繰り返す。最終段階では査読者も加筆する。
	社内に留まる	執筆者のレベルに応じて指導するポイントを絞る。慣れていない執筆者に表記ルールから基本設計までフルコースで指摘してしまうと混乱する恐れがあるので、執筆者自身で改訂できるように加減して指導する。

も防がなければなりません。査読とは執筆者の名誉を守りつつ教育指導をし、最終的に読みやすい文書を仕上げるという実に厄介な仕事なのです。

付録のまとめ

- 査読は暇そうな人には依頼が来なくて有能で忙しい人が忙しいときに頼まれる。そして頼まれた瞬間から締め切りに向けたカウントダウンが始まっている
- 査読を頼まれたら直ちに査読の目的を理解して、執筆者の実力、性格、繁忙度などを判定する。そしてどこまで厳しいことを執筆者に指摘するつもりかという査読方針を決定する
- 執筆者を打ちのめさずに達成感を与え、最良と思える文書に仕上げて提出するために査読者は執筆者に寄り添わなければならない
- 査読とはその文書の執筆意図がより高い確率で実現するように添削指導することである。これは、執筆者の名誉を守りつつ教育指導をして、最終的に読みやすい文書を仕上げるという実に厄介な仕事である

おわりに

「従業員のみなさんの文書の作成力はいかがですか。読みやすい文書ができていますか」といろいろな職場で質問すると、ほとんどの職場で「よくぞ聞いてくれました。問題山積なのですよ」という答えが返ってきます。私の推測では、私が所属してきた会社に限らず、日本中の多くの企業で文書の作成力の問題が顕在化しているようです。

この原因はいろいろあると思いますが、①パソコンなど情報機器の進化による弊害が出てきていること、②業務の効率向上・組織のスリム化などでゆとりの時間がなくなって職場の上司・先輩が部下・後輩にいわゆるOJT（On-the-Job Training）をしなくなったこと、この2つが最も大きな影響をもたらしていると私は考えています。

前者の情報機器の弊害としては、確かに早く簡単に文書が書けるようになった半面、いつでもどのようにでも修正できることから、書き出す前に熟慮をしなくなったと言うことができます。プレゼンのスライドの安易な使いまわしも、相手に何を伝えたいかよく考えずに資料を作ってしまう悪い習慣を生み出していると思います。

職場でOJTができなくなったという後者の問題は特に深刻です。私の世代は上司、先輩に鬼のような赤ペン指導者がいて徹底的な指導をしてもらい、私自身も鬼にはなれないものの赤ペン指導者を務めたものでした。しかし現在は、ほとんどの職場で赤ペン指導をする人がいないのが実態のようです。電子承認システムが普及してきたことで、文書が上司の手元に届いたときには、「ほら早く承認ボタンを押してね」という雰囲気になって、中身の議論がしにくいという問題がまずあります。そして、職場で文書の書き方の指導をする習慣が、年を追うごとに失われているように感じています。

すでに、赤ペン指導をされたことがない世代が中堅層になっていて、そもそも指導されていないので後輩の指導もできないという事態になりかけています。本書で説明してきた社内文書の大部分は、学校では書き方を教えないものです。日常の業務の中で、上司と先輩が部下と後輩に教えるしかないのです。このままでは、日本中の会社が怪しい自己流の社内文書だらけになってしまいます。

本書は正にこの事態をここで食い止めたいという思いで書いたものです。日刊工業新聞社から機会をいただき、これまで赤ペン指導者として若手の技術者のみなさんに伝えてきたことの中で、私が特にこだわることを中心にまとめました。これまでの書籍とは異なり、文章の書き方ではなく文書の構成に絞って説明をしてきたのは、ここに私のこだわりがあるからです。やや暴論かもしれませんが、文章の書き方が多少下手でも文書の構成さえしっかりしていれば、読みやすく納得できる文書になります。したがって、日本語にまだ十分に慣れていない外国人の技術者の方でも本書のコツを理解いただければ、日本語で立派な文書が上手に書けるはずなのです。

読みやすい文書を書くことは難しくありません。文書を書くことが苦手だと思っている技術者のみなさんに本書をご活用いただき、周囲から信頼を得て会社を自在に動かせる技術者になっていただきたいと心から願っています。また、職場における文書の作成力の問題に危機感を感じておられる役職者の方々にも本書をご利用いただき、ひとりでも多くの赤ペン指導者を育てていただければと思っています。

本書の執筆にあたってさまざまなご支援、ご協力をいただいた現在の職場、以前の職場の皆様、文例など資料の転載にご了解いただいた関係の皆様に感謝いたします。最後に、本書の出版企画を快く進めてくださった日刊工業新聞社の木村文香さんほかの皆様にこの場を借りて厚くお礼を申し上げます。皆様ありがとうございました。

中川　和明

参考文献

1. 中川和明，溶融炭酸塩中におけるリチウム複合酸化物の反応挙動，慶応義塾大学，2002，博士論文.
2. 加藤滋雄，谷垣昌敬，新田友茂，新体系化学工学　分離工学，オーム社，1992.
3. 野村俊夫，技術者必携　読み手をうならせる報告書作成法，日刊工業新聞社，1999.
4. 福富斌夫，山本忠弘，化学者のための英語報文の書き方，化学同人，1974.
5. 今村昌，化学英語論文を書くための 11 章，講談社，1987.
6. 木下是雄，理科系の作文技術，中央公論新社，1981.
7. 日本金属学会会報編集委員会編，記号・式の表示　SI 単位　SI 単位換算一覧表，（公財）日本金属学会，1991.
8. K. Nakagawa and T. Ohashi, A Reversible Change between Lithium Zirconate and Zirconia in Molten Carbonate, *Electrochemistry*, 67, 618, 1999.
9. 本多勝一，日本語の作文技術，朝日新聞社，1976.

著者紹介

中川　和明

東芝総合人材開発株式会社 取締役
公益社団法人日本工学教育協会 理事
博士（工学）

1961年生まれ、東京都出身。1986年 慶応義塾大学大学院工学研究科修士課程を修了し、株式会社東芝に入社。同社総合研究所で材料とエネルギーに関わる研究開発に17年間従事、2003年に持続可能な社会システムの構築を目指して新設された環境技術ラボラトリー室長に就任。その後、同社営業統括部門にて営業技術部長として法人顧客の課題解決に取り組んだ。近年では同社の社会インフラ事業部門で技術戦略の立案を担当する技術企画部長に就任。2017年から現職。

公益社団法人電気化学会から「技術賞・棚橋賞」、一般社団法人日本ファインセラミックス協会から「技術振興賞」、The American Ceramic Societyから「R. M. Fulrath Award」など受賞多数。

しっかり伝わる！ 評価が上がる！
技術者のための社内文書の書き方　　NDC 816

2018年10月26日　初版1刷発行
2023年 9 月29日　初版5刷発行
（定価は、カバーに表示してあります）

©著　者　中川　和明
発行者　井水　治博
発行所　日刊工業新聞社
東京都中央区日本橋小網町14-1
（郵便番号　103-8548）
電　話　書籍編集部　03-5644-7490
販売・管理部　03-5644-7403
FAX　03-5644-7400
振替口座　00190-2-186076
URL　https://pub.nikkan.co.jp/
e-mail　info_shuppan@nikkan.tech

印刷・製本　美研プリンティング(1)

落丁・乱丁本はお取り替えいたします。　2018 Printed in Japan
ISBN978-4-526-07885-9　C3050